双元制本土化项目成果教材

校企合作
产教融合型课程改革教材

多旋翼植保无人机技术

主　编◎张文礼　熊如意　王　科
副主编◎刘天文　杨正永　余廷立
郝会川　胡可力
主　审◎周金国

同济大学出版社
TONGJI UNIVERSITY PRESS
·上海·

内容摘要

本书作为高等职业教育无人机应用技术专业的实训教材，以操作实践为核心，包含多个模块的内容：在实操基础认知部分，通过实地观摩与模拟操作，学习者可了解无人机在现代农业植保领域的应用场景，并掌握不同植保场景下无人机的基本操作要领；在大田作物作业实训部分，主要针对水稻、小麦、玉米、棉花等大田作物，开展核心作业场景的实操训练，涵盖无人机病虫害防治中喷头角度调节、药液雾化控制等，除草剂喷洒时飞行高度把控、喷幅衔接等，脱叶剂施用的时机判断与剂量控制以及播种、肥料播撒的完整操作流程演练；作业关键技能实训包括无人机作业参数设定，依据标准和实际情况正确选择药剂及飞行规划策略制定与实地实施能力训练（含航线规划、断点续飞操作），旨在让学习者理解无人机作业参数设定原理并掌握具体操作方法、强化安全规范意识。

本书可作为高职高专院校无人机应用技术专业及相关农业专业的教学用书，也可作为农业植保领域无人机应用技术专业相关技术人员的培训教材，以及无人机应用技术师资培训教材。

图书在版编目（CIP）数据

多旋翼植保无人机技术 / 张文礼，熊如意，王科主编. -- 上海：同济大学出版社，2025. 7. -- ISBN 978-7-5765-1681-4

Ⅰ. S4；V279

中国国家版本馆 CIP 数据核字第 2025KD5504 号

多旋翼植保无人机技术

主　编　张文礼　熊如意　王　科

副主编　刘天文　杨正永　余廷立　郝会川　胡可力

主　审　周金国

策划编辑　府晓辉　**责任编辑**　任学敏　**责任校对**　徐逢乔　**封面设计**　渲彩轩

出版发行　同济大学出版社　www.tongjipress.com.cn
（地址：上海市四平路1239号　邮编：200092　电话：021-65985622）
经　　销　全国各地新华书店
印　　刷　苏州市古得堡数码印刷有限公司
开　　本　787mm×1092mm　1/16
印　　张　10.25
字　　数　231 000
版　　次　2025年7月第1版
印　　次　2025年7月第1次印刷
书　　号　ISBN 978-7-5765-1681-4

定　　价　50.00元

编委会

主　编　张文礼　熊如意　王　科

副主编　刘天文　杨正永　余廷立

　　　　郝会川　胡可力

参　编　魏国伟　陈　颖　伍宏健

　　　　王　帆　向应龙　王　磊

　　　　朱治强　熊　森　魏光亮

　　　　杜松林　王晓琦　卢　香

　　　　欧阳博野　管停停　伍　杭

　　　　刘宇杰

主　审　周金国

前言

在国家大力推进农业现代化与智慧农业发展的宏观政策背景下，无人机植保技术作为农业转型升级的关键驱动力，迎来了黄金发展期。近年来，农业农村部发布的《"十四五"全国农业机械化发展规划》，以及国务院出台的《国务院关于加快推进农业机械化与农机装备产业转型升级的指导意见》等一系列政策文件，均明确将加快植保无人机等智能农机装备的推广应用作为重点工作。2023年，中央一号文件更是着重强调"推进农业绿色全面转型"，为无人机精准施药技术的发展提供了清晰有力的政策指引。在此形势下，培养高素质、专业化的无人机植保技术人才迫在眉睫。

植保，作为农业生产的核心环节，在保障农作物健康生长、提升农作物产量与质量方面发挥着不可替代的重要作用。在人口持续增长、资源日益紧张的双重压力下，农业面临着病虫害频发、草害蔓延等诸多严峻挑战。为实现农业的可持续发展，探索高效、环保的植保策略成为当务之急。无人机植保技术在此背景下应运而生，并凭借其独特优势，迅速成为现代农业生产的重要装备。通过无人机开展植保作业，不仅能大幅提升作业效率，还能精准把控化学农药的使用量，有效降低对环境的负面影响，为农作物高产稳产筑牢根基。

本书是重庆交通职业学院与重庆宇燕科技有限责任公司深度合作的结晶，是依托宇燕科技无人机技术人才跨企业培训中心，进行双元制本土化学习领域课程改革而精心编写的。本书的编写充分体现了当下校企合作、产教融合的先进理念，致力于为行业培养急需的专业技术人才。

本书聚焦于无人机植保技术的应用，详细阐述了无人机植保的原理、技术特点及未来发展趋势，使学生能够紧跟行业前沿，掌握核心技术。同时，以培养学生在无人机领域的创新能力与实践技能为目标，依据无人机植保飞行人员岗位工作任务特点，遵循完整工作过程和行为导向原则，开发了以工作计划、决策、实施、控制、评价五步法为行为导向的教学工作页，并与学科知识模块有机结合，形成了"知识库+工作页"的工作过程系统化学习领域课程教材。这种创新模式实现了理论知识、实践技能与综合职业能力的多维整合，真正做到将工作环境与学习环境融为一体。

我们衷心期望本书能为读者提供丰富、全面的植保知识，激发大家对植保领域的探索热情。植保不仅是一门技术，更是一份守护农作物健康、保障人类食品安全的责任与使命。让我们携手共进，为推动农业现代化、实现可持续发展贡献力量。

本教材的编写团队汇聚了众多行业专家、专业教师和企业代表，阵容强大。主编张文礼、熊如意、王科凭借深厚的专业知识和丰富的教学经验，精心统筹规划教材架构，精准把握编写方向。副主编刘天文、杨正永、余廷立、郝会川、胡可力在理论知识梳理、实践案例设计等方面各展所长，为教材内容的充实与完善倾尽全力。其中，重庆交通职业学院的王科等负责理论知识部分的编写与审核，确保知识体系的系统性与准确性；重庆宇燕科技有限责任公司的郝会川、胡可力依托丰富的行业经验，主导工作页及实践案例的开发，使教材内容紧密贴合实际工作需求。主审周金国对教材进行了全面细致的审核，从专业角度严格把关，有力保障了教材质量。在此，对所有参与编写的人员致以衷心的感谢！

由于无人机植保技术是一门新技术，编者学识有限，书中不当之处恳盼读者予以指正。期待广大读者在使用过程中提出宝贵意见和建议，助力我们不断完善教材，更好地服务于教育与产业发展。

编　者

2025 年 7 月

目 录

学习模块一
无人机病虫害防治

学 习 目 标

知识目标

1. 了解无人机植保技术的概念和应用领域；
2. 掌握无人机植保的基本原理和工作流程；
3. 掌握无人机植保系统的组成部分；
4. 掌握无人机飞行基本技术；
5. 掌握农作物病虫害基础知识；
6. 掌握无人机植保的方法和技能；
7. 了解无人机植保相关的法律法规和安全准则。

能力目标

1. 学会熟练操作无人机植保系统；
2. 学会使用专业软件进行图像处理和分析，包括病虫害识别、病害程度评估等分析工作；
3. 学会根据无人机航测结果制定相应的病虫害防治方案，并进行喷洒作业。

素质目标

1. 培养学生吃苦耐劳的精神及艰苦奋斗的工作作风；
2. 培养学生在实际生产中分析问题、解决问题的能力；
3. 培养学生良好的团队作风和协作能力。

基 础 知 识

1. 植保无人机概述

植保无人机是指搭载喷雾系统的无人驾驶飞行器（Unmanned Aerial Vehicle，UAV），用于精准喷洒农药/肥料，具有高效性（作业速度是人工的20~30倍）、复杂地形（梯田、沼泽等）适应性及精准变量喷洒（减少农药浪费）的特点。

植保无人机主要应用于水稻、小麦、果树等病虫害防治及叶面肥喷洒。未来发展趋势为AI图像识别病虫害、多机协同作业。

2. 核心系统组成

植保无人机由飞行平台与喷洒系统共同构成，无人机作为喷洒系统的承载设备，喷洒系统则是进行植保作业的具体实施设备。无人机主要由飞控系统、动力系统、喷洒系统构成，这些系统协同实现了无人机的各种功能。

1）飞控系统

飞控系统是整个无人机系统的核心，能够实现无人机的稳定悬停、飞行等功能。飞控系统主要由航电板、惯性测量单元（Inertial Measurement Unit，IMU）、磁罗盘、全球卫星导航系统（Global Navigation Satellite System，GNSS）等模块构成。

（1）航电板

植保无人机的主控单元集成在航电板中。航电板是植保无人机的核心，一旦损坏则无法正常飞行。

（2）惯性测量单元（IMU）

惯性测量单元是角速度以及加速度传感器，对无人机的运动姿态进行侦测并反馈给主控单元。

（3）磁罗盘

磁罗盘作为无人机方向传感器，对无人机的方向位置进行侦测并反馈给主控单元。主控单元在获得角速度、加速度、方向等姿态信息后，对数据进行分析并最终保持无人机的平衡。

（4）全球卫星导航系统（GNSS）

全球卫星导航系统能够确定无人机所处的经纬度，保障无人机能够实现定点悬停以及自动航线飞行。多旋翼无人机在没有GNSS的前提下，无法实现自动飞行，其自动航线飞行必须在自身地理位置确定的前提下进行，且没有GNSS无法消除累计误差带来的飘移，否则无法实现精确定位悬停。标准GNSS定位精度为米级，如需更精准定位则需要实时动态差分（Real-time kinematic，RTK）系统来完成。

（5）实时动态差分（RTK）

实时动态差分也称为载波相位差分技术，能够通过对普通GNSS信号进行差分计算，从而获得厘米级定位。其工作原理为在地面架设基准站，并确定基准站的高精度经纬度位置；无人机作为移动站，在接收普通GNSS信号的同时，接收基准站的数据；根据数据差分，计算无人机的准确位置，可将定位精度提升到毫米级别。

（6）雷达与气压计

雷达通过旋转并不断发射雷达波来发现对应方向上的障碍物，并且能够实现定高，即与作物保持恒定高度。气压计通过检测起飞点气压，在飞行中时刻探测实际气压，利用气压差确定相对飞行高度。开启雷达时，植保无人机以雷达获取的数据进行定高；关闭雷达定高功能时，采取气压定高。雷达定高更准确，且能随地形变化改变飞行器高度，是优先采取的定高方式。

2）动力系统

（1）锂电池

锂电池是整个系统的电力储备部分，负责为整个系统供电。锂电池充电器是地面设备，负责为电池充电。

（2）电子调速器

电子调速器由电池供电，将直流电转换为无刷电机需要的三相交流电，并对电机进行调速控制，调速信号来源于主控单元。

（3）无刷电机

无刷电机必须在无刷电子调速器的控制下工作，它是将电能转换为机械能并最终获得升力的能量转换设备。

（4）螺旋桨

螺旋桨为最终产生升力的部分，由无刷电机驱动，在多旋翼无人机中，螺旋桨与电机直接固定，螺旋桨转速等同于电机转速。

3）喷洒系统

喷洒系统由药箱、水泵、滤网、水管、喷头等共同构成。液力雾化喷洒系统是目前人工喷雾以及植保无人机喷雾最为常见的方式，其原理主要基于液体压力和气体动力学，通过增加液体内部的压强，使其通过喷嘴喷出并形成雾状。在雾化过程中，雾滴平均直径随压力增加而减小，随喷头喷孔尺寸增大而增大。

3. 作业模式选择

目前，植保无人机具备多种作业模式，各自适用于不同场景，且具有独特的优势与局限性，见表 1–1。

表 1–1　植保无人机作业模式对比

作业模式	适用场景	优势	局限性
手动模式	不规则小地块	灵活适应地形	操作难度大
AB 点模式	规整田块	操作简便	仅适合方正地块
全自主模式	大中型地块	作业精度高	需预先规划
果树模式	丘陵果园	地形适应强	需专业规划

4. 无人机植保作业安全飞行规范

为确保无人机植保作业安全、规范、高效开展，保障人员安全、设备正常运行以及环境不受损害，需严格遵循以下安全飞行规范。

1）遵守法规

操作人员务必依法取得开展无人机植保作业所需的全部必要许可，深入了解并严格遵守当地针对无人机管理所制定的各项规定。无论是飞行空域的限制、飞行时间的约束，还是申报流程的要求等，均应严格执行，确保作业活动合法合规。

2）评估场地

在作业前，必须对作业场地进行全面、细致的评估。首要原则是坚决避开人群密集区域，避免对人员造成意外伤害；远离各类建筑物，避免因碰撞导致无人机损坏以及对建筑物造成破坏；与电力设施保持安全距离，防止因电磁干扰或意外触碰引发安全事故。

3）检查设备

每次飞行作业前，都要对无人机设备进行全方位检查。重点确认电池电量是否充足、性能是否稳定，这直接关系到无人机的续航能力和飞行安全；检查各类传感器状态是否正常，包括但不限于定位传感器、姿态传感器、避障传感器等，只有传感器工作正常，无人机才能准确感知自身状态和周围环境，实现稳定飞行与精准作业。

4）关注气象条件

密切关注气象条件，严禁在恶劣天气下开展作业。如暴雨、大风、雷电、浓雾等极端天气，不仅会严重影响无人机的飞行性能，增加坠机风险，还可能导致农药喷洒不均匀，影响植保效果甚至造成环境污染。应选择晴朗、微风、能见度良好的天气进行作业。

5）掌握应急处置程序

操作人员必须熟练掌握应急处置程序。在飞行过程中一旦出现突发状况，如无人机失控、电池电量骤降、遭遇强风干扰等，操作人员应能够迅速、冷静、准确地采取应对措施，最大程度降低损失和危害。同时，应配备必要的应急物品，如备用电池、急救药品等。

6）妥善保存数据记录

妥善保存完整的作业日志，详细记录每次作业的相关信息，包括飞行时间、作业地点、作业面积、农药使用种类及剂量、飞行参数、设备状态、天气情况以及作业过程中出现的问题和处理方式等。这些数据不仅有助于后续作业效果评估和经验总结，在出现纠纷或事故时，也可作为重要的参考依据。

5. 农业基础知识

1）病害基础知识

（1）病害分类

农作物病害分为真菌性病害、细菌性病害和病毒性病害。

真菌性病害由真菌侵染引起，常见症状包括霉层、锈斑、枯萎等，主要通过气流、雨水传播。

细菌性病害由细菌侵染引起，典型症状为腐烂、水渍状病斑、菌脓等，多通过伤口或自然孔口侵入。

病毒性病害由病毒引起，表现为花叶畸形、矮化等，通常由昆虫、嫁接或机械接触传播。

2）虫害基础知识

（1）害虫生物学分类

害虫主要包括昆虫纲（如蚜虫、蝗虫）和蛛形纲（如红蜘蛛）等。

（2）害虫口器

①咀嚼式口器（如蝗虫、菜青虫）——啃食植物组织；

②刺吸式口器（如蚜虫、飞虱）——刺吸植物汁液；

③锉吸式口器（如蓟马）——锉伤表皮后吸食；

④虹吸式口器（如蛾类成虫）——吸食花蜜。

3）农药基本定义和分类

（1）基本定义

农药是指用于防治农业有害生物（害虫、病菌、杂草等）的化学或生物制剂。

（2）农药毒性

农药毒性按危害程度分为低毒、中等毒、高毒，使用时应遵循安全间隔期要求。合理混配可提高药效，但需避免出现拮抗作用或药害情况。如六六六、滴滴涕等高残留、高毒性农药已被国家明令禁止使用。

（3）农药剂型

常见农药剂型包括乳油（EC）、可湿性粉剂（WP）、悬浮剂（SC）等，不同剂型适用不同施药方式。

学习情境一 水稻病虫害综合防治

学习目标

知识目标

1. 了解常见的水稻病害和虫害；
2. 掌握水稻病虫害的症状表现和防治方法；
3. 理解水稻病虫害发生的条件和影响因素。

能力目标

1. 能够熟练掌握水稻作业流程；
2. 能够按作业安全要求小组合作完成水稻作业任务；
3. 能够正确选择、使用化学药剂和生物防治方法来控制水稻病虫害。

素质目标

1. 具有良好的心理素质；
2. 具有良好职业道德，遵纪守法、爱岗敬业、吃苦耐劳、团队协作、不断学习；

3. 具有较强的沟通协调、情绪调节、环境适应、信息处理、分析总结、组织能力；

4. 具有严格按照相关规范操作的意识。

知识背景

1. 水稻病害

1）稻瘟病

（1）原菌菌属

半知菌类丛梗孢科、梨孢属。

（2）危害特点

全生育期均可发生，危害时间长、侵染部位多。

（3）主要类型

①苗瘟（幼苗期）；

②叶瘟（叶片病斑，最常见）；

③穗颈瘟（穗颈部受害，危害最重）。

（4）防治药剂

可选药剂种类包括三环唑、稻瘟净、克瘟散、氟环唑、己唑醇、稻瘟酰胺、苯甲－丙环唑。

2）水稻纹枯病

（1）原菌菌属

半知菌类，类丝核菌属，茄丝核菌。

（2）别名

水稻云斑病，水稻云纹病，花脚瘟。

（3）危害特点

主要危害叶鞘、叶片，严重时可蔓延至茎秆和穗部。

（4）症状

①初期：近水面处出现水渍状暗绿色小点；

②扩展后：椭圆形或云形病斑，边缘暗绿色，中央灰绿色；

③干燥时：病斑边缘褐色，中央灰白色。

（5）防治药剂

井冈霉素（特效药）、多菌灵、托布津、纹枯净。

（6）防治适期

分蘖末期（发病率15%）或孕穗期（发病率20%）。

2. 水稻虫害

1）二化螟（钻心虫、蛀秆虫）

（1）分布

全国各稻区，丘陵山区较重。

（2）形态特征

①卵：鱼鳞状排列，初白色→茶褐色→黑色；

②幼虫：体长 24~27 mm，淡褐色，背有 5 条暗褐色纵线；

③蛹：圆筒形，初期淡黄色，后变棕红色；

④成虫：前翅黄褐色，布满褐色小点，后翅白色。

（3）防治药剂

氯虫苯甲酰胺，甲维盐，吡蚜酮。

2）稻纵卷叶螟（卷叶虫）

（1）分类

鳞翅目，螟蛾科。

（2）危害特点

幼虫缀叶成纵苞，啃食叶肉，仅留白色下表皮。

（3）寄主

水稻、小麦、甘蔗及多种杂草。

（4）防治适期

2 龄幼虫盛期（开始结苞时）。

（5）防治药剂

氯虫苯甲酰胺，氯虫苯甲酰胺-噻虫嗪复配剂，甲维盐-三唑磷复配剂。

3）稻褐飞虱（褐稻虱）

（1）分类

同翅目，飞虱科。

（2）形态特征

①长翅型：体长 4~5 mm，黄褐至黑褐色，前胸背板有 3 条纵线；

②短翅型：翅短，不达腹部末端。

（3）防治药剂

烯啶虫胺，吡蚜酮，甲维盐-噻虫嗪复配剂。

3. 综合防治建议

1）病害防治

（1）稻瘟病以预防为主，重点防治叶瘟和穗颈瘟。

（2）纹枯病注意分蘖末期和孕穗期监测，及时喷施井冈霉素。

2）虫害防治

（1）在二化螟、稻纵卷叶螟幼虫低龄期施药。

（2）需关注田间褐飞虱虫量，适时使用内吸性药剂。

3）药剂选择

（1）优先选用高效低毒药剂，如氯虫苯甲酰胺、烯啶虫胺等。

（2）合理轮换用药，避免抗药性产生。

学 习 任 务

1. 信息（创设情境，提供资讯）

（1）工作情境描述

重庆市江津区水稻产业示范基地是当地重要的优质水稻种植区，当前正值水稻分蘖盛期，田间监测发现部分区域出现稻瘟病初期症状（叶片病斑）。为有效控制病害扩散，保障水稻健康生长，本小组受基地负责人唐先生委托开展 10 公顷水稻田稻瘟病专业化统防统治飞防作业。

（2）填写任务委托书

在完成本学习情境的学习后，请查阅相关资料或查询更多相关信息，以执行本次飞防任务。飞防任务委托书详见表 1–2。

表 1–2　飞防任务委托书

<table>
<tr><td>委托方</td><td>唐先生（重庆市江津区水稻产业示范基地）</td></tr>
<tr><td>联系方式</td><td></td></tr>
<tr><td>受托方</td><td></td></tr>
<tr><td>项目负责人</td><td></td></tr>
<tr><td>作业内容</td><td>10 公顷（具体田块编号：______）
防治对象：水稻稻瘟病（叶片病斑）</td></tr>
<tr><td rowspan="3">作业要求</td><td>1. ____日内完成作业（遇雨顺延）</td></tr>
<tr><td>2. 药剂方案：</td></tr>
<tr><td>3. 作业时间：202__年__月__日—__日</td></tr>
<tr><td rowspan="4">现场勘察
与条件确认</td><td>田块勘察情况：</td></tr>
<tr><td>天气条件评估：</td></tr>
<tr><td>药剂准备情况：</td></tr>
<tr><td>设备状态确认：</td></tr>
<tr><td>条件确认后
作业要求</td><td>1. 设备：使用 2 台植保无人机（型号：大疆______），每公顷喷量____L
2. 药剂：严格按方案配比____________
3. 安全：避开高压线 50 m 以上，作业时田边设置警示牌</td></tr>
<tr><td>双方责任</td><td>委托方：提供田间障碍物分布图，协调农户配合作业
受托方：按标准配药、安全作业，提交飞防报告及用药记录</td></tr>
</table>

委托方签字：____________　　　　受托方签字：____________

日期：　　　　　　　　　　　　　日期：

注：本任务单一式两份，作业方与客户各执一份，作为作业凭证。

（3）任务分组

请依据表 1-3 任务分组表，明确小组内部各成员在对应情境中的角色。

表 1-3　任务分组

<table>
<tr><td>班级</td><td colspan="2"></td><td>组号</td><td></td></tr>
<tr><td>指导教师</td><td colspan="2"></td><td>组长</td><td></td></tr>
<tr><td>组长职责</td><td colspan="4">负责整体协调与进度把控</td></tr>
<tr><td>任务分工</td><td>人员数量</td><td>人员姓名</td><td colspan="2">主要职责</td></tr>
<tr><td>飞手
（操作岗）</td><td></td><td></td><td colspan="2">1. 无人机操控
2. 航线规划
3. 作业质量监控</td></tr>
<tr><td>地勤保障
（辅助岗）</td><td></td><td></td><td colspan="2">1. 药剂配制
2. 电池管理
3. 设备维护
4. 现场辅助</td></tr>
<tr><td>数据记录
（技术岗）</td><td></td><td></td><td colspan="2">1. 参数记录
2. 效果监测
3. 数据整理</td></tr>
<tr><td>安全监督
（管理岗）</td><td></td><td></td><td colspan="2">1. 安全检查
2. 应急处理
3. 规范监督</td></tr>
<tr><td colspan="5">工作流程</td></tr>
<tr><td>晨会</td><td colspan="4">每日作业前召开工作部署会议</td></tr>
<tr><td>检查</td><td colspan="4">按分工完成设备、药剂、电池等准备工作</td></tr>
<tr><td>作业</td><td colspan="4">保持实时沟通（对讲机频道：________）</td></tr>
<tr><td>总结</td><td colspan="4">当日数据汇总与问题分析</td></tr>
<tr><td>组长签字</td><td colspan="2"></td><td>日期</td><td></td></tr>
<tr><td>指导教师签字</td><td colspan="2"></td><td>日期</td><td></td></tr>
</table>

（4）问题引导

问题 1：多旋翼植保无人机有什么性能特点？

____

____

____

小提示

①培训周期短；　②作业效率高；　③农药喷洒效果好；
④作业安全性高；　⑤作业成本低及环保。

问题 2：植保无人机由哪些部件构成？分析各部件作用。

问题 3：植保无人机主要有哪些作业模式？

问题 4：植保无人机作业前如何规划航线？

问题 5：植保无人机作业前要做哪些准备？

问题 6：植保无人机界面怎么操作？

问题 7：水稻稻瘟病的防治药剂怎么配制？配药时需要注意什么？

2. 工作计划（分析任务，制订计划）

按照收集的资料，制订飞防计划，计划包括完成植保方案设计，并填写植保作业设备检查单。

（1）植保方案设计

综合考虑农作物的类型、所处生长阶段，以及病虫害的发生态势等因素，拟定植保方案。方案内容涵盖农药种类筛选、浓度科学设定、精准把握喷洒时机，以及确定具体喷洒方式。详细植保方案设计见表 1–4。

表 1–4　植保方案设计

基础信息		
项目	具体内容	备注
作业田作物	水稻	注明作物品种及生长阶段 （如分蘖期、抽穗期）
防治对象	稻瘟病（叶瘟）	需明确病虫害类型及发生程度 （轻度 / 中度 / 重度）
作业地点	___省 – 市 – 县 – 村具体地块编号___	需区分连片或分散地块，标注障碍物 （如电线杆、树木）
作业面积	10 公顷	
作业完成时间		
设备与物资准备		
类别	具体内容	详细要求
无人机型号		
电池	___块	
配件	喷头、水泵、螺旋桨	
维修工具	扳手、螺丝刀	
通信工具	对讲机 / 手机	
配药工具	量筒、搅拌器、过滤网	
防护设备	护目镜、口罩、手套	
转场设备		
发电机		备用燃油量：
人员安排		
角色	人数	职责
飞手		
地勤人员		
作业方案		
药剂选择		
喷洒参数	飞行高度： 速度： 每公顷喷量：	
环境约束		
应急处理		

续表

签字确认		
角色	签字	日期
填写人员		
检查人员		

（2）植保作业设备检查

请严格依照上述方案，准备好相应的农药与设备。同时，依据表 1-5 植保作业设备检查单的具体内容，对设备状态展开全面、细致的检查，确保设备处于最佳工作状态。

表 1-5 植保作业设备检查单

班级：________ 组号：________ 组员姓名：____________________ 日期：________

系统设备	检查项目	检查标准及方法	结果	责任人
喷洒系统	药箱	★密封圈是否变形，密封面是否破损	□	
		水箱内滤网是否有腐蚀	□	
		水箱内液位计是否正常工作	□	
	★水泵	通过遥控器检查水泵流量、压力、转速，若数据异常，联系售后进行更换	□	
	★喷头	喷嘴是否堵塞，喷雾是否均匀	□	
		喷嘴橡胶圈是否变形，封面是否破损	□	
		喷嘴滤网是否腐蚀	□	
	水管	水管是否破损	□	
	流量计	流量计数据是否正常	□	
★动力系统	桨叶	桨叶是否破损、变形，垫片是否破损，若有则及时更换	□	
	电机	无卡转堵转、无异响	□	
		水平左右晃动电机，检查电机与电机座是否松动	□	
	电池	无鼓包、电压稳定	□	
	电调	电调是否异常	□	
机身		机臂是否有裂痕、变形	□	
		展开机臂，检查套筒及套筒锁附近位置的螺纹是否有磨损	□	
		★机头上方的 RTK 天线模块是否松动	□	

续表

系统设备	检查项目	检查标准及方法	结果	责任人
机身		脚架与机身框体是否松动	☐	
		雷达外壳是否破损	☐	
		雷达支架安装是否牢固	☐	
★遥控器		遥控器外观	☐	
		遥控器外置电池与遥控器的接口	☐	

注：所有项目需现场检查并打钩（√），异常项用“△”标注并填写设备异常记录，带★项目为关键安全项，不合格禁止起飞。

检查人：________ 复核人：________ 异常处理：________________

请正确检查设备是否正常，如发现问题填写设备异常记录。

基础信息：____________________

异常详情：____________________

初步诊断：____________________

处理流程：____________________

3. 决策（集思广益，作出决定）

决策 1：各组派代表阐述植保作业方案。

____

____

____

决策 2：各组对其他组的作业方案从不同角度提出看法。

____

____

____

决策 3：教师结合学生完成情况进行点评，选出最佳方案。

____

____

4. 实施（分工合作，沟通交流）

（1）植保作业准备工作

第一项，遥控器检查：

a. 确保遥控器电量≥ 80%，低电量可能导致信号中断；

b. 天线无弯曲或破损，确保信号传输稳定；

c. 屏幕无裂痕、显示无异常（如花屏、闪烁）；

d. 推动摇杆后能自动回中，无卡滞现象。

第二项，植保机检查：

a. 桨叶无裂纹、变形，螺丝紧固无松动；

b. 电池卡扣牢固，插头无氧化或松动；

c. 状态指示灯开机后自检无报错。

第三项，指南针校准：

a. 选择开阔场地（半径 10 m 内无金属物体），远离高压线、铁栅栏等干扰源；

b. 通过 App 触发校准，水平旋转 360° 后再垂直旋转 360° 至提示成功。

第四项，起飞前排气：

药箱加清水至 1/3 容量，启动水泵连续喷水 10 s。观察喷头水流是否稳定无气泡，确保管路无空气残留。

第五项，物资准备：

检查装载药剂。

第六项，田间勘察：

a. 标记障碍物（如电线杆、树木）；

b. 确定起降地点。

（2）作业设备点检

为保障植保作业高效、有序进行，防止因设备遗漏导致作业中断，特制作植保作业点检单，见表 1-6。这份点检单宛如作业前的“贴心助手”，能够辅助工作人员全面梳理并确认所需携带的各类设备。

表 1-6　植保作业点检单

班级：________　组号：________　组员姓名：________________　日期：________

序号	项目	名称	单位	数量	是否携带	备注
1	植保机相关	植保机	台		□是□否	药箱、染托
		智能电池充电器	台		□是□否	16 A/10 A 转接头
		智能电池充电器接地线	根		□是□否	
		植保机电池	块		□是□否	单块电量≥ 80%
2	遥控器相关	遥控器	个		□是□否	摇杆模式确认（美国手 / 日本手）
		RTK 高精度定位模块	个		□是□否	
		遥控器电池	块		□是□否	
3	配药工具	母液桶	个		□是□否	带刻度线
		拌药工具	根		□是□否	

续表

序号	项目	名称	单位	数量	是否携带	备注
4	安全防护及配件	对讲机	个		□是□否	
		桨叶	套		□是□否	
		工具	套		□是□否	
		螺丝、螺母及其他配件	包		□是□否	
		口罩、手套	套		□是□否	

记录人员：________　　　　　　复核人员：________

（3）完成植保无人机飞防报告

植保无人机飞防报告包含作业时间、地点、作物等基础信息。报告中会详细阐述无人机参数、用药详情以及作业方案，如实记录飞行过程中的具体状况，并对防治效果、用药合理性及作业效率等成果进行综合评定，最终由相关人员签字确认，具体内容详见表 1–7。

表 1–7　植保无人机飞防报告

项目	内容
作业日期	
作业地点	
作业田作物	
完成面积	10 公顷（实际：____公顷）
飞行参数	高度： 飞行速度： 作业半径： 每公顷施药量：
用药量	农药名称： 剂型： 有效成分及含量： 每公顷用量： 喷头类型：
问题记录	

记录人员：________　　　　　　复核人员：________

（4）植保无人机清理

植保无人机清理的详细内容，可查看表 1–8。此表完整呈现了植保无人机清理的各项要点、操作流程以及相关注意事项，为规范、高效地开展无人机清理工作提供了清晰且实用的指引。

表 1–8　植保无人机每日清理表

系统设备	清理项目	日常维护内容	备注	完成情况
喷洒系统	药箱	使用清水或肥皂水注满作业药箱，并完全喷出，如此反复清洗三次	施药于敏感作物或切换其他药剂前需要彻底清理药箱	☐
	滤网	将药箱滤网及喷嘴拆除后进行清洁，确保无堵塞，然后再清水浸泡 12 h	使用软刷清理，切勿使用金属物体清理	☐
	喷头		安装喷嘴时注意正确安装橡胶垫片与喷嘴定位环	☐
动力系统	桨叶	用湿布擦拭桨叶，检查桨叶有无裂纹，再用干布抹干水渍	更换桨叶时需成对更换	☐
	桨夹	使用软刷或湿布清洁，再用干布擦干水渍	桨夹破损应及时更换	☐
	电机		若电机桨叶表面有沙尘、药液附着，建议用湿布清洁表面，再用干布抹干水渍	☐
	电池	用棉签蘸酒精擦拭，存放电量：60%	电池不防水，切勿用水直接冲洗或泡水冲洗	☐
机身		用软毛刷或湿布清理机身，再用干布擦干水渍	切勿使用超过 0.7 MPa 高压水枪清洗机身	☐
遥控器		用拧干的湿布清除表面灰尘与农药残留	清理遥控器散热口时，切勿将水溅入	☐

记录人员：________　　　　复核人员：________

5. 控制（查漏补缺，质量检测）

（1）作业注意事项

____

____

____

（2）项目评分

表 1–9 详细罗列评分细则，通过打分形式全面评估对应项目完成情况。

表 1–9　项目评分表

班级：________　组号：________　组员姓名：______________________　日期：________

序号	考评项目	考评要点	考评方法	应得分	实得分	问题说明
1	学习工作页	1. 书写工整，无错别字	每处错误扣 2 分	10		
		2. 按时完成，按时提交				

续表

序号	考评项目	考评要点	考评方法	应得分	实得分	问题说明
2	职业素养	1. 穿戴规范、整洁 2. 团队协作 3. 独立完成作业 4. 考勤纪律 不迟到 / 早退 / 旷课	违规一次扣5分	20		
3	农药配制	1. 禁用高毒农药 2. 正确佩戴防护用具 3. 药剂桶专用 4. 掌握二次稀释法 5. 实操规范（先配制母液后稀释）	每项错误扣2分	10		
4	作业前准备	1. 遥控器检查 2. 摇杆模式确认 3. 无人机结构检查（桨叶、喷头） 4. 指南针校准 5. 药箱排气	遗漏一项扣4分	20		
5	作业模式	1. 航线规划合理 2. 速度合适 3. 高度合适 4. 精准起停 5. 障碍物避让	每项错误扣5分	25		
6	航线规划参数	1. 每公顷用量 2. 喷幅匹配	参数错误一个扣2.5分	5		
7	完成质量	1. 雾滴密度 2. 防治效果	每项不达标扣5分	10		
总分				100		

考评人签名：________________

6. 评价（总结过程，任务评估）

（1）学生自评

借助表1–10学生自评表，团队完成复盘分析，进而拟定出相应的改进举措。

表 1-10　学生自评表

班级：________　组号：________　组员姓名：______________________________　日期：________

评价指标	评价要素	分数	分数评定
信息检索	1. 能有效利用网络资源、工作手册查找有效信息 2. 能清晰归纳并转化信息至实际工作	10	
感知工作	1. 明确自身岗位职责，认同工作价值 2. 能在任务执行中获得成就感	10	
团队协作	1. 与师生保持平等、尊重的沟通 2. 主动分享信息，协作高效	20	
学习方法	1. 平衡自主学习与合作学习 2. 能提出创新性问题或见解 3. 严格按规范操作	10	
工作过程	1. 遵守操作规程和考勤纪律 2. 每日任务完成度高 3. 能发现并提出关键问题	15	
思维状态	1. 具备从发现问题到解决问题的闭环能力 2. 提出创新性解决方案	10	
自评反馈	1. 按时保质提交成果 2. 专业知识掌握扎实 3. 分析报告逻辑严谨、表述清晰	25	
总分		100	
评价项目	评价内容		
有益经验	1. 团队分工明确，效率提升，______________________________ 2. 创新性方法应用，______________________________________		
存在问题	1. 信息检索效率待提高，__________________________ 2. 操作规范性不足，______________________________		
改进措施	1. 加强____________________________技能训练 2. 制定____________________________标准化流程		

（2）团队互评

团队应借助表 1-11，依据既定评分标准，对工作过程展开全面客观互评，推动团队交流与共同进步。

表 1-11　团队互评表

班级：________　组号：________　组员姓名：______________________________　日期：________

评价指标	评价要素	分数	分数评定
信息检索	1. 能有效利用网络资源、工作手册并筛选有效信息 2. 能清晰归纳并准确表述知识要点 3. 能将理论信息转化为实操方案	15	

续表

评价指标	评价要素	分数	分数评定
感知工作	1. 成员角色分工明确，职责清晰 2. 团队整体工作积极性高，成就感显著	10	
参与状态	1. 师生沟通顺畅，相互尊重、理解，平等交流 2. 能主动分享关键信息，保持高效协作 3. 平衡团队合作与个人思考（无依赖现象）	25	
学习方法	1. 工作计划科学，操作符合标准流程 2. 体现持续发展潜力	15	
工作过程	1. 严格遵守安全规范和考勤纪律 2. 该组成员是否能完成植保任务，并善于多角度思考问题，能主动发现问题并提出有价值的建议和想法	20	
思维状态	从问题发现到解决形成完整闭环	5	
自评反馈	自评过程严谨，测试独立完成	10	
总分		100	
评价项目	评价内容		
突出优点	1. 信息转化能力突出，____________________ 2. 创新方案有效，____________________		
待改进点	1. 协作效率可提升，____________________ 2. 操作规范性需加强，____________________		
建议措施	1. 建议采用____________________工具优化协作 2. 需增加____________________专项训练		

（3）教师评分

教师将借助表 1-12，严格依据评分标准，对各小组任务工作过程进行全面深入总评，为小组后续改进给予精准指导。

表 1-12　教师评分表

班级：________　组号：________　组员姓名：________________________　日期：________

出勤与基础素养				
评价项目	评分标准	分值	扣分说明	得分
出勤情况	全勤（缺勤 1 次扣 2 分，迟到 / 早退 1 次扣 1 分）	5		
学习过程评价				
评价指标	评价要素	分值	扣分标准	得分
信息	1. 仪态自然，表达流畅 2. 逻辑清晰，分工明确	10	表达不清扣 1 分 / 项，分工模糊扣 2 分 / 项	

续表

学习过程评价				
评价指标	评价要素	分值	扣分标准	得分
计划	1. 收集资料，制定任务规划单 2. 计划制订及清单清晰合理 3. 设备检查单完整 4. 设备点检单完整	10	资料缺失扣 2 分 / 项，规划不合理扣 3 分	
决策	制定最佳作业方案	9	参数错误扣 1 分 / 处	
实施	1. 参数记录完整（高度、速度、每公顷喷量） 2. 用药方案合规 3. 飞行日志详实	15		
	1. 无人机起降规范 2. 参数设置准确 3. 避障操作合规	20		
	1. 按二次稀释法规范操作 2. 安全防护到位	10		
	1. 药箱 / 喷头清洗彻底 2. 电池存放合规	10		
控制	明确作业方法的注意事项	5		
评价	互评分数折算（按 20% 比例）	3		
	自评分数折算（按 20% 比例）	3		
总分		100		
改进措施	1. 需加强____________操作训练 2. 建议优化__________流程			

教师签名：______________

7. 复盘

根据小组作业成果，小组讨论，分析待改进方面及预防措施。

____

____

____

学习情境二 小麦病虫害防治

学 习 目 标

知识目标

1. 了解小麦常见的病虫害种类、症状表现、发生规律以及对农作物的危害程度；
2. 学习无人机在农业病虫害防治中的应用，包括病虫害监测、定位、喷药等；
3. 理解农药的分类、使用方法和安全操作要点，了解环境友好型农药的选择准则。

能力目标

1. 掌握无人机操作技能，包括安全起飞、降落、悬停、巡航等基本操控技巧；
2. 能熟练操作无人机进行病虫害的监测与识别，准确判断其种类和小麦受害程度；
3. 掌握喷洒农药的技巧，如喷洒范围、药量调节、飞行速度控制等。

素质目标

1. 具备责任心和安全意识，能够按照操作规程操纵无人机并施药，确保安全和效果；
2. 具备独立工作能力和高效的工作效率，在任务中能够灵活应对各种情况；
3. 具备团队合作意识，能够与其他工作人员协调配合，共同完成病虫害防治任务；
4. 注重环境保护，遵守环境保护法规，选择环境友好型农药，减少对环境的污染。

知 识 背 景

1. 小麦病害

1）小麦白粉病

（1）危害症状

小麦白粉病主要侵害叶片与叶鞘，严重时颖壳和芒也会被侵染，初期呈现 1~2 mm 白色霉斑，后期霉层变灰并出现黑色闭囊壳。

（2）防治方案

①药剂类型：三唑类、甲氧基丙烯酸酯类药剂；

②推荐药剂：戊唑醇、苯甲丙环唑、嘧菌酯。

（3）注意事项

①每季使用不超过 2 次，避免抗性产生；

②需提前预防使用，禁止与乳油类杀虫剂混用；

③避免与强酸强碱农药混配。

2）小麦锈病（条锈 / 叶锈）

（1）识别要点

①条锈病：鲜黄色孢子堆呈条状排列；

②叶锈病：红褐色孢子堆随机分布。

（2）防治要点

①一旦发现中心病株，须立刻喷药封锁，防止病害扩散；

②优先选用戊唑 · 嘧菌酯复配剂，兼防白粉病。

3）小麦赤霉病

（1）危害症状

①苗期：芽鞘变褐，根冠腐烂，幼苗枯萎，茎基部有粉红色霉层；

②穗期：小穗水渍状淡褐斑，扩展后变褐，有粉红色霉层和紫黑色小颗粒，病穗枯白，籽粒干瘪，田间呈点片状分布。

（2）防治方案

①扬花初期（开花率达 5% 时）首次施药；

②遇连阴雨天气需补防（间隔 5~7 天）。

2. 小麦虫害

1）小麦蚜虫

（1）绿色防控体系

①天敌保护：当麦田每平方米蚜茧蜂数量达到 3 头及以上时，说明其作为蚜虫的天敌，已具备足够的自然控害能力，此时可暂时不采取化学防治措施，以保护天敌种群，发挥生态调控作用；

②化学防治阈值：扬花期的百穗蚜量为 500 头，灌浆期的百穗蚜量为 800 头。

（2）药剂选择

①优先使用吡虫啉（低毒）；

②在蚜虫产生抗性的区域，改用高效氯氟氰菊酯。

2）小麦吸浆虫

（1）危害症状

①幼虫危害：吸食麦粒浆液，麦粒空瘪皱缩，受害麦穗青灰色、直立，呈“猴头”状。

②成虫危害：产卵刺伤麦穗，麦粒有白色斑点。

（2）防治方案

①蛹期：小麦孕穗期，每平方米有虫蛹 2 头以上，用 5% 毒死蜱颗粒剂拌土撒施浅锄。

②成虫期：小麦抽穗至扬花初期，见成虫即喷 4.5% 高效氯氰菊酯等，上午 9—11 时或下午 4—6 时施药，可加吡虫啉。

学习任务

1. 信息（创设情境，提供资讯）

（1）工作情境描述

在某县广阔的农田间，一片面积达20公顷的小麦田突发白粉病灾害。某县气候温润，本是小麦茁壮成长的理想环境，然而近期气候异常，致使白粉病迅速蔓延。

踏入田间，满目皆是小麦植株遭受重创的景象。叶片上密密麻麻地布满白色粉状霉层，恰似覆盖了一层薄霜，随着情况不断恶化，霉层愈发厚重，叶片逐渐发黄、扭曲，部分已然枯萎凋零。原本充满生机的麦田，此刻被这白色的病害阴霾所笼罩，生长势头严重受挫。

当地种植户李先生，心急如焚。李先生深知这片麦田对于农户们的重要性，那是大家一整年辛勤劳作的心血所系。作为农户们的代表，他向A植保团队发出紧急求助。A植保团队长期专注于农业植保领域，在接到李先生的求助信息后，立即响应，毅然担起守护这片麦田的重大责任。此次委托意义非凡，若无法及时有效地控制白粉病，这20公顷小麦的收成必将大幅减少，众多农户一整年的付出与期望都将化为泡影，经济收入也将遭受沉重打击。A植保团队凭借深厚的专业知识和丰富的实践经验，争分夺秒地制定并执行科学有效的防治策略，全力以赴让这片麦田重焕生机，确保小麦能够茁壮成长，最终迎来丰收的喜悦。

（2）填写任务委托书

在完成本学习情境的学习后，请查阅相关资料或查询更多相关信息，以执行本次飞防任务。飞防任务委托书详见表1-13。

表1-13　飞防任务委托书

<table>
<tr><td>委托方</td><td></td></tr>
<tr><td>联系方式</td><td></td></tr>
<tr><td>受托方</td><td></td></tr>
<tr><td>项目负责人</td><td></td></tr>
<tr><td>作业内容</td><td></td></tr>
<tr><td rowspan="3">作业要求</td><td>1. ____日内完成作业（遇雨顺延）</td></tr>
<tr><td>2. 药剂方案：</td></tr>
<tr><td>3. 作业时间：202__年__月__日—__日</td></tr>
<tr><td rowspan="4">现场勘察与条件确认</td><td>田块勘察情况：</td></tr>
<tr><td>天气条件评估：</td></tr>
<tr><td>药剂准备情况：</td></tr>
<tr><td>设备状态确认：</td></tr>
<tr><td>条件确认后作业要求</td><td>1. 设备：使用2台植保无人机（型号：大疆________），每公顷喷量____L
2. 药剂：严格按方案配比____________
3. 安全：避开高压线50 m以上，作业时田边设置警示牌</td></tr>
</table>

续表

双方责任	委托方：提供田间障碍物分布图，协调农户配合作业 受托方：按标准配药、安全作业，提交飞防报告及用药记录

委托方签字：＿＿＿＿＿＿　　　　受托方签字：＿＿＿＿＿＿

日期：　　　　　　　　　　　　日期：

注：本任务单一式两份，作业方与客户各执一份，作为作业凭证。

（3）任务分组

请依据表 1–14 任务分组表，明确小组内部各成员在对应情境中的角色。

表 1–14　任务分组

班级			组号	
指导教师			组长	
组长职责	负责整体协调与把控进度			
任务分工	人员数量	人员姓名	主要职责	
飞手（操作岗）				
地勤保障（辅助岗）				
数据记录（技术岗）				
安全监督（管理岗）				
工作流程				
晨会				
检查				
作业				
总结				
组长签字		日期		
指导教师签字		日期		

（4）问题引导

问题 1：植保无人机在实际应用中受哪些管理法规约束？请简要概括相关法规的主要内容与要点。

____

____

____

问题 2: 植保无人机执照管理包含哪些具体要求？比如申请条件、执照类别划分、后续审验流程等，请详细说明。

问题 3: 无人机飞行存在诸多限制，这些限制主要基于无序飞行带来的危害以及禁限飞区域的规定。请详细阐述无序飞行可能造成的危害，以及常见的禁飞区域与限飞区域的类型和具体范围。

小提示

①无序飞行危害；②禁限飞区域。

问题 4: 安全飞行受多种因素影响，主要涵盖气象、信号、环境等方面。请结合风力、乱流、风向、温度、湿度、能见度等气象因素；磁罗盘、GNSS 信号、遥控控制信号等信号因素；遮挡物，同频信号干扰，以及建筑树木、电线塔斜拉索、电线和视觉差等地面因素，分析其对无人机安全飞行的具体影响机制。

问题 5: 操作植保无人机时，应遵循怎样的安全操作规范？从起飞前准备、飞行过程操控、降落流程等环节，详细说明相关规范要点。

问题 6: 小麦白粉病对小麦植株有特定危害特征，且其发生需要特定条件。请描述该病对小麦叶片、叶鞘、颖壳和芒等地上部器官的危害表现，以及阐述大面积种植感病品种和适宜环境条件这两大白粉病流行条件的具体内涵。

问题 7: 防治小麦白粉病主要从农业防治和化学防治两个方面着手。请分别分析在农业防治方面，可采取哪些具体措施及其作用原理；在化学防治方面，介绍适用药剂类型、使用方法及注意事项。

2. 工作计划（分析任务，制订计划）

按照收集的资料，制订飞防计划，计划包括完成植保方案设计，并填写植保作业设备检查单。

（1）植保方案设计

综合考虑农作物的类型、所处生长阶段，以及病虫害的发生态势等因素，拟定植保方案。方案内容涵盖农药种类筛选、浓度科学设定、精准把握喷洒时机，以及确定具体喷洒方式。详细植保方案设计见表 1-15。

表 1-15 植保方案设计

基础信息		
项目	**具体内容**	**备注**
作业田作物		
防治对象		
作业地点		
作业面积		
作业完成时间		
设备与物资准备		
类别	**具体内容**	**详细要求**
无人机型号		
电池	____ 块	
配件	喷头、水泵、螺旋桨	
维修工具	扳手、螺丝刀	
通信工具	对讲机 / 手机	
配药工具	量筒、搅拌器、过滤网	
防护设备	护目镜、口罩、手套	
转场设备		
发电机		备用燃油量：
人员安排		
角色	**人数**	**职责**
飞手		
地勤人员		
作业方案		
药剂选择		
喷洒参数		
环境约束		
应急处理		

续表

签字确认		
角色	签字	日期
填写人员		
检查人员		

（2）植保作业设备检查

请严格依照上述方案，准备好相应的农药与设备。补充表 1–16 中检查标准及方法，依据植保作业设备检查单的具体内容，对设备状态展开全面、细致的检查，确保设备处于最佳工作状态。

表 1–16　植保作业设备检查单

班级：________　组号：________　组员姓名：________________________　日期：________

系统设备	检查项目	检查标准及方法	结果	责任人
喷洒系统	药箱	★密封圈是否________，密封面是否________	□	
		水箱内滤网是否有________	□	
		水箱内液位计是否________	□	
	★水泵	通过遥控器检查水泵流量、压力、转速，若数据异常，联系售后进行更换	□	
	★喷头	喷嘴是否堵塞，喷雾是否________	□	
		喷嘴橡胶圈是否变形，封面是否________	□	
		喷嘴滤网是否________	□	
	水管	水管是否________	□	
	流量计	流量计数据是否________	□	
★动力系统	桨叶	桨叶是否________、变形，垫片是否________，若有则及时更换	□	
	电机	无卡转堵转、无异响	□	
		水平左右晃动电机，检查电机与电机座是否松动	□	
	电池	无鼓包、电压稳定	□	
	电调	电调是否异常	□	
机身		机臂是否有裂痕、变形	□	
		展开机臂，检查套筒及套筒锁附近位置的螺纹是否有磨损	□	

续表

系统设备	检查项目	检查标准及方法	结果	责任人
机身		★机头上方的 RTK 天线模块是否松动	□	
		脚架与机身框体是否松动	□	
		雷达外壳是否破损	□	
		雷达支架安装是否________	□	
★遥控器		遥控器外观检测	□	
		遥控器外置电池与遥控器的接口	□	

注：所有项目需现场检查并打钩(√)，异常项用"△"标注并填写设备异常记录，带★项目为关键安全项，不合格禁止起飞。

检查人：________　复核人：________　异常处理：________________

请正确检查设备是否正常，如发现问题填写设备异常记录。

基础信息：____

异常详情：____

初步诊断：____

处理流程：____

3. 决策(集思广益，作出决定)

决策 1：各组派代表阐述作业方案。

____

____

____

决策 2：各组对其他组的作业方案从不同角度提出看法。

____

____

____

决策 3：教师结合学生完成情况进行点评，选出最佳方案。

____

____

____

4. 实施(分工合作，沟通交流)

(1) 植保作业准备工作

第一项，遥控器检查：

a. 确保遥控器电量≥80%，低电量可能导致信号中断；

b. 天线无弯曲或破损，确保信号传输稳定；

c. 屏幕无裂痕、显示无异常（如花屏、闪烁）；

d. 推动摇杆后能自动回中，无卡滞现象。

第二项，植保机检查：

a. 桨叶无裂纹、变形，螺丝紧固无松动；

b. 电池卡扣牢固，插头无氧化或松动；

c. 状态指示灯开机后自检无报错。

第三项，指南针校准：

a. 选择开阔场地（半径 10 m 内无金属物体），远离高压线、铁栅栏等干扰源；

b. 通过 App 触发校准，水平旋转 360° 后再垂直旋转 360° 至提示成功。

第四项，起飞前排气：

药箱加清水至 1/3 容量，启动水泵连续喷水 10 s。观察喷头水流是否稳定无气泡，确保管路无空气残留。

第五项，物资准备：

检查装载药剂。

第六项，田间勘察：

a. 标记障碍物（如电线杆、树木）；

b. 确定起降地点。

（2）作业设备点检

为保障植保作业高效、有序进行，防止因设备遗漏导致作业中断，特制作植保作业点检单，见表 1–17。这份点检单宛如作业前的“贴心助手”，能够辅助工作人员全面梳理并确认所需携带的各类设备。

表 1–17　植保作业点检单

班级：________　组号：________　组员姓名：____________________　日期：________

序号	项目	名称	单位	数量	是否携带	备注
1	植保机相关	植保机	台		□是□否	
		智能电池充电器	台		□是□否	
		智能电池充电器接地线	根		□是□否	
		植保机电池	块		□是□否	
2	遥控器相关	遥控器	个		□是□否	摇杆模式确认（美国手 / 日本手）
		RTK 高精度定位模块	个		□是□否	
		遥控器电池	块		□是□否	

续表

序号	项目	名称	单位	数量	是否携带	备注
3	配药工具	母液桶	个		□是□否	带刻度线
		拌药工具	根		□是□否	
4	安全防护及配件	对讲机	个		□是□否	
		桨叶	套		□是□否	
		工具	套		□是□否	
		螺丝、螺母及其他配件	包		□是□否	
		口罩、手套	套		□是□否	

记录人员：________　　　　复核人员：________

（3）完成植保无人机飞防报告

植保无人机飞防报告包含作业时间、地点、作物等基础信息。报告中会详细阐述无人机参数、用药详情以及作业方案，如实记录飞行过程中的具体状况，并对防治效果、用药合理性及作业效率等成果进行综合评定，最终由相关人员签字确认，具体内容详见表1-18。

表1-18　植保无人机飞防报告

项目	内容
作业日期	
作业地点	
作业田作物	
完成面积	20公顷（实际：______公顷）
飞行参数	高度： 飞行速度： 作业半径： 每公顷施药量：
用药量	农药名称： 剂型： 有效成分及含量： 每公顷用量： 喷头类型：
问题记录	

记录人员：________　　　　复核人员：________

（4）植保无人机清理

植保无人机清理表的详细内容，可查看表 1–19。此表完整呈现了植保无人机清理的各项要点、操作流程以及相关注意事项，为规范、高效地开展无人机清理工作提供了清晰且实用的指引。

表 1–19　植保无人机每日清理

<table>
<tr><th>系统设备</th><th>清理项目</th><th>日常维护内容</th><th>备注</th><th>完成情况</th></tr>
<tr><td rowspan="3">喷洒系统</td><td>药箱</td><td>使用______，并完全喷出，如此反复清洗三次</td><td>施药于敏感作物或其他药剂前需要彻底清理药箱</td><td>☐</td></tr>
<tr><td>滤网</td><td rowspan="2">将药箱滤网及喷嘴拆除后进行清洁，确保无堵塞，然后再______</td><td>使用软刷清理，切勿使用金属物体清理</td><td>☐</td></tr>
<tr><td>喷头</td><td>安装喷嘴时注意正确安装橡胶垫片与喷嘴定位环</td><td>☐</td></tr>
<tr><td rowspan="4">动力系统</td><td>桨叶</td><td>用______，检查桨叶有无裂纹，再用干布抹干水渍</td><td>更换桨叶时需成对更换</td><td>☐</td></tr>
<tr><td>桨夹</td><td rowspan="2">使用______清洁，再用干布擦干水渍</td><td>桨夹破损应及时更换</td><td>☐</td></tr>
<tr><td>电机</td><td>若电机桨叶表面有沙尘、药液附着，建议用湿布清洁表面，再用干布抹干水渍</td><td>☐</td></tr>
<tr><td>电池</td><td>用______蘸酒精擦拭，
存放电量：______</td><td>电池不防水，切勿用水直接冲洗或泡水冲洗</td><td>☐</td></tr>
<tr><td colspan="2">机身</td><td>用______清理机身，再用干布擦干水渍</td><td>切勿使用超过 0.7 MPa 高压水枪清洗机身</td><td>☐</td></tr>
<tr><td colspan="2">遥控器</td><td>用拧干的湿布清除表面______</td><td>清理遥控器散热口时，切勿将水溅入</td><td>☐</td></tr>
</table>

记录人员：________　　　　复核人员：________

5. 控制（查漏补缺，质量检测）

（1）作业注意事项

____

____

____

（2）项目评分

表 1–20 详细罗列评分细则，通过打分形式全面评估对应项目完成情况。

表 1-20　项目评分表

班级：________　组号：________　组员姓名：______________________________　日期：________

序号	考评项目	考评要点	考评方法	应得分	实得分	问题说明
1	学习工作页	1. 书写工整，无错别字	每处错误扣 2 分	10		
		2. 按时完成，按时提交				
2	职业素养	1. 穿戴规范、整洁	违规一次扣 5 分	20		
		2. 团队协作				
		3. 独立完成作业				
		4. 考勤纪律 不迟到 / 早退 / 旷课				
3	农药配制	1. 禁用高毒农药	每项错误扣 2 分	10		
		2. 正确佩戴防护用具				
		3. 药剂桶专用				
		4. 掌握二次稀释法				
		5. 实操规范 （先配制母液后稀释）				
4	作业前准备	1. 遥控器检查	遗漏一项扣 4 分	20		
		2. 摇杆模式确认				
		3. 无人机结构检查 （桨叶、喷头）				
		4. 指南针校准				
		5. 药箱排气				
5	作业模式	1. 航线规划合理	每项错误扣 5 分	25		
		2. 速度合适				
		3. 高度合适				
		4. 精准起停				
		5. 障碍物避让				
6	航线规划参数	1. 每公顷用量	参数错误一个扣 2.5 分	5		
		2. 喷幅匹配				
7	完成质量	1. 雾滴密度	每项不达标扣 5 分	10		
		2. 防治效果				
总分				100		

考评人签名：______________

6. 评价(总结过程,任务评估)

(1)学生自评

借助表 1–21 学生自评表,团队完成复盘分析,进而拟定出相应的改进举措。

表 1–21　学生自评表

班级:________　组号:________　组员姓名:____________________________　日期:________

评价指标	评价要素	分数	分数评定
信息检索	1. 能有效利用网络资源、工作手册查找有效信息 2. 能清晰归纳并转化信息至实际工作	10	
感知工作	1. 明确自身岗位职责,认同工作价值 2. 能在任务执行中获得成就感	10	
团队协作	1. 师生保持平等、尊重的沟通 2. 主动分享信息,协作高效	20	
学习方法	1. 平衡自主学习与合作学习 2. 能提出创新性问题或见解 3. 严格按规范操作	10	
工作过程	1. 遵守操作规程和考勤纪律 2. 每日任务完成度高 3. 能发现并提出关键问题	15	
思维状态	1. 具备从发现问题到解决问题的闭环能力 2. 提出创新性解决方案	10	
自评反馈	1. 按时保质提交成果 2. 专业知识掌握扎实 3. 分析报告逻辑严谨、表述清晰	25	
总分		100	
评价项目	**内容记录**		
有益经验	1. 团队分工明确,效率提升,____________________ 2. 创新性方法应用,________________________		
存在问题	1. 信息检索效率待提高,____________________ 2. 操作规范性不足,________________________		
改进措施	1. 加强__________________技能训练 2. 制定__________________标准化流程		

(2)团队互评

团队应借助表 1–22,依据既定评分标准,对工作过程展开全面客观互评,推动团队交流与共同进步。

表 1-22　团队互评表

班级：________　组号：________　组员姓名：______________________________　日期：________

评价指标	评价要素	分数	分数评定
信息检索	1. 能有效利用网络资源、工作手册并筛选有效信息 2. 能清晰归纳并准确表述知识要点 3. 能将理论信息转化为实操方案	15	
感知工作	1. 成员角色分工明确，职责清晰 2. 团队整体工作积极性高，成就感显著	10	
参与状态	1. 师生沟通顺畅，相互尊重、理解，平等交流 2. 能主动分享关键信息，保持高效协作 3. 平衡团队合作与个人思考（无依赖现象）	25	
学习方法	1. 工作计划科学，操作符合标准流程 2. 体现持续发展潜力	15	
工作过程	1. 严格遵守安全规范和考勤纪律 2. 该组成员是否能完成植保任务，并善于多角度思考问题，能主动发现问题并提出有价值的建议和想法	20	
思维状态	从问题发现到解决形成完整闭环	5	
自评反馈	自评过程严谨，测试独立完成	10	
总分		100	
评价项目	**评价内容**		
突出优点	1. 信息转化能力突出，______________________________ 2. 创新方案有效，______________________________		
待改进点	1. 协作效率可提升，______________________________ 2. 操作规范性需加强，______________________________		
建议措施	1. 建议采用______________________________工具优化协作 2. 需增加______________________________专项训练		

（3）教师评分

教师将借助表 1-23，严格依据评分标准，对各小组任务工作过程进行全面深入总评，为小组后续改进给予精准指导。

表 1-23　教师评分表

班级：________　组号：________　组员姓名：______________________________　日期：________

出勤与基础素养				
评价项目	**评分标准**	**分值**	**扣分说明**	**得分**
出勤情况	全勤（缺勤 1 次扣 2 分，迟到 / 早退 1 次扣 1 分）	5		

续表

学习过程评价				
评价指标	**评价要素**	**分值**	**扣分标准**	**得分**
信息	1. 仪态自然，表达流畅 2. 逻辑清晰，分工明确	10	表达不清扣 1 分 / 项，分工模糊扣 2 分 / 项	
计划	1. 收集资料，制定任务规划单 2. 计划制订及清单清晰合理 3. 设备检查单完整 4. 设备点检单完整	10	资料缺失扣 2 分 / 项，规划不合理扣 3 分	
决策	制定最佳作业方案	9	参数错误扣 1 分 / 处	
实施	1. 参数记录完整（高度、速度、每公顷喷量） 2. 用药方案合规 3. 飞行日志详实	15		
	1. 无人机起降规范 2. 参数设置准确 3. 避障操作合规	20		
	1. 按二次稀释法规范操作 2. 安全防护到位	10		
	1. 药箱 / 喷头清洗彻底 2. 电池存放合规	10		
控制	明确作业方法的注意事项	5		
评价	互评分数折算（按 20% 比例）	3		
	自评分数折算（按 20% 比例）	3		
总分		100		
改进措施	1. 需加强__________操作训练 2. 建议优化________流程			

教师签名：____________

7. 复盘

根据小组作业成果，小组讨论，分析待改进方面及预防措施。

____

____

____

学习情境三 玉米病虫害防治

学习目标

知识目标

1. 掌握常见的玉米病虫害种类、发生规律、症状特征及对产量的影响；
2. 了解玉米无人机病虫防治技术原理，包括病虫害检测、识别和喷洒农药的方法；
3. 学习农药的分类、使用方法和安全操作规程。

能力目标

1. 熟练操作无人机，包括安全起飞、降落、悬停、巡航等基本操控技巧；
2. 能够使用无人机进行玉米病虫害的监测和识别，准确判断病虫害的种类和严重程度；
3. 掌握喷洒农药的技巧，如喷洒范围、药量调节、飞行速度控制等。

素质目标

1. 具备责任心和安全意识，遵守操作规程和农药使用安全要求，确保无人机操作和农药喷洒的安全；
2. 具备独立工作能力和高工作效率，能够合理安排作业计划和执行，保证病虫害防治任务的完成；
3. 具备团队合作意识，能够与其他工作人员协调配合，共同完成农田病虫害防治工作；
4. 关注环境保护，严格遵守环境保护法规，选择环境友好型农药，减少对环境的污染。

知识背景

1. 玉米病害

1）玉米丝黑穗病

（1）危害

系统侵染，从初期雌雄穗畸形至果穗变黑粉包，减产显著。

（2）防治

①选用抗病品种（首选）；

②轮作倒茬（避免连作）；
③种子处理：戊唑醇-福美双拌种；
④拔除病株并销毁。

2）玉米大、小斑病

（1）危害

叶片梭形（大斑）或椭圆形（小斑）病斑至叶片枯黄早衰。

（2）防治

①抗病品种＋合理密植；
②清除病残体，减少菌源；
③药剂：苯醚甲环唑·戊唑醇喷雾（发病初期，7~10天1次，连喷2~3次）。

3）锈病

（1）危害

叶片出现黄褐色夏孢子堆直至叶片枯落，光合作用下降。

（2）防治

①选用抗病品种＋增施磷钾肥；
②药剂：三唑酮·烯唑醇喷雾（早期防治）。

2. 玉米虫害

1）玉米螟

（1）危害

幼虫蛀茎会导致茎秆折断，蛀雌穗会导致籽粒减产。

（2）防治

①农业：处理秸秆杀灭越冬虫；
②生物：释放赤眼蜂（产卵期）；
③化学：心叶末期撒辛硫磷颗粒剂，或喷高效氯氟氰菊酯。

2）玉米粘虫

（1）危害

暴食叶片后仅留叶脉，而咬断幼茎会导致缺苗断垄。

（2）防治

①清除田间杂草；
②药剂：甲维盐/氯虫·高氯氟喷雾（3龄前，早晚喷药）。

3）草地贪夜蛾（外来入侵）

（1）危害

幼虫蛀食心叶、生长点后出现“窗孔”或导致植株死亡。

（2）防治

①监测：性诱捕器＋杀虫灯；
②药剂：甲维盐·四唑虫酰胺（低龄期喷雾，加助剂增效）；
③生物：释放蠋蝽等天敌。

3. 综合防治要点

1）病害防治

合理施肥，在增强抗性的同时，可以利用排水降湿减少病菌滋生。

2）虫害防治

农业 + 生物 + 化学联合防治，减少抗药性。

3）注意事项

农药轮换使用，避免残留，同时优先选择抗病虫品种。

学 习 任 务

1. 信息（创设情境，提供资讯）

（1）工作情境描述

正值玉米生长的关键时期，王先生满心期待着丰收，却发现自家大片玉米田遭受了螟虫的肆虐侵袭。叶片上布满了虫洞，部分玉米植株甚至出现了倒伏现象，这让王先生心急如焚。在多方打听后，王先生了解到 A 植保团队在病虫害防治领域经验丰富，于是赶忙联系团队负责人，详细说明了玉米田的位置、种植规模以及虫害的初步观察情况。

A 植保团队接到委托后，迅速组建了专业防治小组。小组成员先是收集了玉米田周边环境、以往病虫害发生记录等信息，接着携带专业检测设备奔赴王先生的玉米田。到达现场后，技术人员详细调查螟虫的种类、虫口密度以及玉米的受害程度，通过对多株玉米样本的分析，制定了一套针对性的防治方案。方案涵盖了药剂选择、施药时间、施药方式等关键环节，力求在最短时间内控制住螟虫虫害，最大程度减少对玉米产量的影响。

（2）填写任务委托书

在完成本学习情境的学习后，请查阅相关资料或查询更多相关信息，以执行本次飞防任务。飞防任务委托书详见表 1–24。

表 1–24　飞防任务委托书

委托方	
联系方式	
受托方	
项目负责人	
作业内容	
作业要求	1. ____日内完成作业（遇雨顺延）
	2. 药剂方案：
	3. 作业时间：202__年__月__日—__日
现场勘察与条件确认	田块勘察情况：
	天气条件评估：

现场勘察与条件确认	药剂准备情况：
	设备状态确认：
条件确认后作业要求	1. 设备：使用______台植保无人机（型号：大疆________），每公顷喷量___L 2. 药剂：严格按方案配比____________ 3. 安全：避开高压线 50 m 以上，作业时田边设置警示牌
双方责任	委托方：提供田间障碍物分布图，协调农户配合作业。 受托方：按标准配药、安全作业，提交飞防报告及用药记录。

委托方签字：______________　　受托方签字：____________

日期：　　日期：

注：本任务单一式两份，作业方与客户各执一份，作为作业凭证。

(3) 任务分组

请依据表 1-25 任务分组表，明确小组内部各成员在对应情境中的角色。

表 1-25　任务分组

班级			**组号**	
指导教师			**组长**	
组长职责	负责整体协调，把控进度			
任务分工	**人员数量**	**人员姓名**	**主要职责**	
飞手（操作岗）				
地勤保障（辅助岗）				
数据记录（技术岗）				
安全监督（管理岗）				
工作流程				
晨会				
检查				
作业				
总结				
组长签字			**日期**	
指导教师签字			**日期**	

（4）问题引导

问题 1: 请用通俗易懂的语言，简述病虫害相关的基础概念，比如病虫害的定义、常见类型，以及它们对农作物等造成危害的一般原理。

____

____

____

问题 2: 详细介绍目前杀虫剂常用的几种作业方式，包括每种方式的作用机制、在实际应用中的操作方法和特点。

____

____

____

小提示

胃毒、内吸、触杀、熏蒸。

问题 3: 简述在接触和使用农药过程中，可采取哪些有效措施来预防中毒事件发生？若不幸发生农药中毒，应立即进行怎样的急救处理（包括现场急救步骤和后续送医注意事项等）？

____

____

____

问题 4: 用自己的语言，有条理地描述植保无人机针对玉米螟防治开展作业的全过程，从作业前的准备工作，到飞行作业中的具体操作要点，再到作业完成后的收尾事项等。

____

____

____

2. 工作计划（分析任务，制订计划）

按照收集的资料，制订飞防计划，计划包括完成植保方案设计，并填写植保作业设备检查单。

（1）植保方案设计

综合考虑农作物的类型、所处生长阶段，以及病虫害的发生态势等因素，拟定植保方案。方案内容涵盖农药种类筛选、浓度科学设定、精准把握喷洒时机，以及确定具体喷洒方式。详细植保方案设计见表 1–26。

表 1-26 植保方案设计

<table>
<tr><th colspan="3">基础信息</th></tr>
<tr><th>项目</th><th>具体内容</th><th>备注</th></tr>
<tr><td>作业田作物</td><td></td><td></td></tr>
<tr><td>防治对象</td><td></td><td></td></tr>
<tr><td>作业地点</td><td></td><td></td></tr>
<tr><td>作业面积</td><td></td><td></td></tr>
<tr><td>作业完成时间</td><td></td><td></td></tr>
<tr><th colspan="3">设备与物资准备</th></tr>
<tr><th>类别</th><th>具体内容</th><th>详细要求</th></tr>
<tr><td>无人机型号</td><td></td><td></td></tr>
<tr><td>电池</td><td></td><td></td></tr>
<tr><td>配件</td><td></td><td></td></tr>
<tr><td>维修工具</td><td></td><td></td></tr>
<tr><td>通信工具</td><td></td><td></td></tr>
<tr><td>配药工具</td><td></td><td></td></tr>
<tr><td>防护设备</td><td></td><td></td></tr>
<tr><td>转场设备</td><td></td><td></td></tr>
<tr><td>发电机</td><td></td><td></td></tr>
<tr><th colspan="3">人员安排</th></tr>
<tr><th>角色</th><th>人数</th><th>职责</th></tr>
<tr><td>飞手</td><td></td><td></td></tr>
<tr><td>地勤人员</td><td></td><td></td></tr>
<tr><th colspan="3">作业方案</th></tr>
<tr><td>药剂选择</td><td colspan="2"></td></tr>
<tr><td>喷洒参数</td><td colspan="2"></td></tr>
<tr><td>环境约束</td><td colspan="2"></td></tr>
<tr><td>应急处理</td><td colspan="2"></td></tr>
<tr><th colspan="3">签字确认</th></tr>
<tr><th>角色</th><th>签字</th><th>日期</th></tr>
<tr><td>填写人员</td><td></td><td></td></tr>
<tr><td>检查人员</td><td></td><td></td></tr>
</table>

（2）植保作业设备检查

请严格依照上述方案，准备好相应的农药与设备。补充表 1-27 中检查标准及方法，依据植保作业设备检查单的具体内容，对设备状态展开全面、细致的检查，确保设备处于最佳工作状态。

表 1-27　植保作业设备检查单

班级：________　组号：________　组员姓名：____________________________　日期：________

<table>
<tr><th>系统设备</th><th>检查项目</th><th>检查标准及方法</th><th>结果</th><th>责任人</th></tr>
<tr><td rowspan="9">喷洒系统</td><td rowspan="3">药箱</td><td>★密封圈是否________，密封面是否________</td><td>□</td><td></td></tr>
<tr><td>水箱内滤网是否________</td><td>□</td><td></td></tr>
<tr><td>水箱内液位计是否________</td><td>□</td><td></td></tr>
<tr><td>★水泵</td><td>通过遥控器检查________，若数据异常，联系售后网点________</td><td>□</td><td></td></tr>
<tr><td rowspan="3">★喷头</td><td>喷嘴是否________，喷雾是否________</td><td>□</td><td></td></tr>
<tr><td>喷嘴橡胶圈是否________，封面是否________</td><td>□</td><td></td></tr>
<tr><td>喷嘴滤网是否________</td><td>□</td><td></td></tr>
<tr><td>水管</td><td>水管是否________</td><td>□</td><td></td></tr>
<tr><td>流量计</td><td>流量计数据是否________</td><td>□</td><td></td></tr>
<tr><td rowspan="5">★动力系统</td><td>桨叶</td><td>桨叶是否____，垫片是否________，若有则及时更换</td><td>□</td><td></td></tr>
<tr><td rowspan="2">电机</td><td>无________、无________</td><td>□</td><td></td></tr>
<tr><td>水平左右晃动电机，检查电机与电机座是否松动</td><td>□</td><td></td></tr>
<tr><td>电池</td><td>无________、电压________</td><td>□</td><td></td></tr>
<tr><td>电调</td><td>电调是否________</td><td>□</td><td></td></tr>
<tr><td colspan="2" rowspan="6">机身</td><td>机臂是否有________</td><td>□</td><td></td></tr>
<tr><td>展开机臂，检查套筒及套筒锁附近位置的螺纹是否________</td><td>□</td><td></td></tr>
<tr><td>★机头上方的 RTK 天线模块是否________</td><td>□</td><td></td></tr>
<tr><td>脚架与机身框体是否________</td><td>□</td><td></td></tr>
<tr><td>雷达外壳是否________</td><td>□</td><td></td></tr>
<tr><td>雷达支架安装是否________</td><td>□</td><td></td></tr>
<tr><td colspan="2" rowspan="2">★遥控器</td><td>遥控器外观检测</td><td>□</td><td></td></tr>
<tr><td>遥控器外置电池与遥控器的________</td><td>□</td><td></td></tr>
</table>

注：所有项目需现场检查并打钩（√），异常项用“△”标注并填写设备异常记录，带★项目为关键安全项，不合格禁止起飞。

检查人：________　复核人：________　异常处理：________________

请正确检查设备是否正常,如发现问题填写设备异常记录。

基础信息:______________________________

异常详情:______________________________

初步诊断:______________________________

处理流程:______________________________

3. 决策(集思广益,作出决定)

决策 1: 各组派代表阐述作业方案。

____

____

____

决策 2: 各组对其他组的作业方案从不同角度提出看法。

____

____

____

决策 3: 教师结合学生完成情况进行点评,选出最佳方案。

____

____

____

4. 实施(分工合作,沟通交流)

(1)植保作业准备工作

第一项,遥控器检查:

a. 确保遥控器电量≥ 80%,低电量可能导致信号中断;

b. 天线无弯曲或破损,确保信号传输稳定;

c. 屏幕无裂痕、显示无异常(如花屏、闪烁);

d. 推动摇杆后能自动回中,无卡滞现象。

第二项,植保机检查:

a. 桨叶无裂纹、变形,螺丝紧固无松动;

b. 电池卡扣牢固,插头无氧化或松动;

c. 状态指示灯开机后自检无报错。

第三项,指南针校准:

a. 选择开阔场地(半径 10 m 内无金属物体),远离高压线、铁栅栏等干扰源;

b. 通过 App 触发校准,水平旋转 360° 后再垂直旋转 360° 至提示成功。

第四项,起飞前排气:

药箱加清水至 1/3 容量,启动水泵连续喷水 10 s。观察喷头水流是否稳定无气泡,确保管路无空气残留。

第五项，物资准备：

检查装载药剂。

第六项，田间勘察：

a. 标记障碍物（如电线杆、树木）；

b. 确定起降地点。

（2）作业设备点检

为保障植保作业高效、有序进行，防止因设备遗漏导致作业中断，特制作植保作业点检单，见表 1–28。这份点检单宛如作业前的“贴心助手”，能够辅助工作人员全面梳理并确认所需携带的各类设备。

表 1–28　植保作业点检单

班级：________　组号：________　组员姓名：____________________________　日期：________

序号	项目	名称	单位	数量	是否携带	备注
1	植保机相关	植保机	台		□是□否	
		智能电池充电器	台		□是□否	
		智能电池充电器接地线	根		□是□否	
		植保机电池	块		□是□否	
2	遥控器相关	遥控器	个		□是□否	
		RTK 高精度定位模块	个		□是□否	
		遥控器电池	块		□是□否	
3	配药工具	母液桶	个		□是□否	
		拌药工具	根		□是□否	
4	安全防护及配件	对讲机	个		□是□否	
		桨叶	套		□是□否	
		工具	套		□是□否	
		螺丝、螺母及其他配件	包		□是□否	
		口罩、手套	套		□是□否	

记录人员：________　复核人员：________

（3）完成植保无人机飞防报告

植保无人机飞防报告包含作业时间、地点、作物等基础信息。报告中会详细阐述无人机参数、用药详情以及作业方案，如实记录飞行过程中的具体状况，并对防治效果、用药合理性及作业效率等成果进行综合评定，最终由相关人员签字确认，具体内容详见表 1–29。

表 1-29　植保无人机飞防报告

项目	内容
作业日期	
作业地点	
作业田作物	
完成面积	
飞行参数	高度： 飞行速度： 作业半径： 每公顷施药量：
用药量	农药名称： 剂型： 有效成分及含量： 每公顷用量： 喷头类型：
问题记录	

记录人员：________　　　　复核人员：________

（4）植保无人机清理

植保无人机清理的详细内容，可查看表 1-30。此表完整呈现了植保无人机清理的各项要点、操作流程以及相关注意事项，为规范、高效地开展无人机清理工作提供了清晰且实用的指引。

表 1-30　植保无人机每日清理

系统设备	清理项目	日常维护内容	备注	完成情况
喷洒系统	药箱	使用清水或肥皂水注满作业药箱，并完全喷出，如此反复清洗三次	施药于敏感作物或其他药剂前需要彻底	□
	滤网	将药箱滤网及喷嘴拆除后进行清洁，确保无堵塞，然后再清水浸泡 12 h	使用软刷清理，切勿使用金属物体清理	□
	喷头		安装喷嘴时注意正确安装橡胶垫片与喷嘴定位环	□
动力系统	桨叶	用湿布擦拭桨叶，检查桨叶有无裂纹，再用干布抹干水渍	更换桨叶时________	□
	桨夹	使用软刷或湿布清洁，再用干布擦干水渍	桨夹破损时________	□
	电机		若电机桨叶表面有沙尘、药液附着，建议用湿布清洁表面，再用干布抹干水渍	□
	电池	用棉签蘸酒精擦拭，存放电量：________	电池不防水，切勿用水直接冲洗或泡水冲洗	□

续表

系统设备	清理项目	日常维护内容	备注	完成情况
机身		用软毛刷或湿布清理机身，再用干布擦干水渍	切勿使用超过 0.7 MPa 高压水枪清洗机身	□
遥控器		用拧干的湿布清除表面灰尘与农药残留	清理遥控器散热口时，切勿将水溅入	□

记录人员：________ 复核人员：________

5. 控制（查漏补缺，质量检测）

（1）作业注意事项

____

____

____

（2）项目评分

表 1–31 详细罗列评分细则，通过打分形式全面评估对应项目完成情况。

表 1–31 项目评分表

班级：________ 组号：________ 组员姓名：______________ 日期：________

序号	考评项目	考评要点	考评方法	应得分	实得分	问题说明
1	学习工作页	1. 书写工整，无错别字	每处错误扣 2 分	10		
		2. 按时完成，按时提交				
2	职业素养	1. 穿戴规范、整洁	违规一次扣 5 分	20		
		2. 团队协作				
		3. 独立完成作业				
		4. 考勤纪律 不迟到 / 早退 / 旷课				
3	农药配制	1. 禁用高毒农药	每项错误扣 2 分	10		
		2. 正确佩戴防护用具				
		3. 药剂桶专用				
		4. 掌握二次稀释法				
		5. 实操规范 （先配制母液后稀释）				

续表

序号	考评项目	考评要点	考评方法	应得分	实得分	问题说明
4	作业前准备	1. 遥控器检查 2. 摇杆模式确认 3. 无人机结构检查（桨叶、喷头） 4. 指南针校准 5. 药箱排气	遗漏一项扣4分	20		
5	作业模式	1. 航线规划合理 2. 速度合适 3. 高度合适 4. 精准起停 5. 障碍物避让	每项错误扣5分	25		
6	航线规划参数	1. 每公顷用量 2. 喷幅匹配	参数错误一个扣2.5分	5		
7	完成质量	1. 雾滴密度 2. 防治效果	每项不达标扣5分	10		
总分				100		

考评人签名：________　　　　日期：________

6. 评价（总结过程，任务评估）

（1）学生自评

借助表1-32学生自评表，团队完成复盘分析，进而拟定出相应的改进举措。

表1-32　学生自评表

班级：______　组号：______　组员姓名：________________　日期：______

评价指标	评价要素	分数	分数评定
信息检索	1. 能有效利用网络资源、工作手册查找有效信息 2. 能清晰归纳并转化信息至实际工作	10	
感知工作	1. 明确自身岗位职责，认同工作价值 2. 能在任务执行中获得成就感	10	
团队协作	1. 师生保持平等、尊重的沟通 2. 主动分享信息，协作高效	20	

续表

评价指标	评价要素	分数	分数评定
学习方法	1. 平衡自主学习与合作学习 2. 能提出创新性问题或见解 3. 严格按规范操作	10	
工作过程	1. 遵守操作规程和考勤纪律 2. 每日任务完成度高 3. 能发现并提出关键问题	15	
思维状态	1. 具备从发现问题到解决问题的闭环能力 2. 提出创新性解决方案	10	
自评反馈	1. 按时保质提交成果 2. 专业知识掌握扎实 3. 分析报告逻辑严谨、表述清晰	25	
总分		100	
评价项目	内容记录		
有益经验	1. 团队分工明确,效率提升,______________ 2. 创新性方法应用,______________		
存在问题	1. 信息检索效率待提高,______________ 2. 操作规范性不足,______________		
改进措施	1. 加强______________技能训练 2. 制定______________标准化流程		

（2）团队互评

团队应借助表 1–33,依据既定评分标准,对工作过程展开全面客观互评,推动团队交流与共同进步。

表 1–33　团队互评表

班级:________　组号:________　组员姓名:______________　日期:________

评价指标	评价要素	分数	分数评定
信息检索	1. 能有效利用网络资源、工作手册并筛选有效信息 2. 能清晰归纳并准确表述知识要点 3. 能将理论信息转化为实操方案	15	
感知工作	1. 成员角色分工明确,职责清晰 2. 团队整体工作积极性高,成就感显著	10	
参与状态	1. 师生沟通顺畅,相互尊重、理解,平等交流 2. 能主动分享关键信息,保持高效协作 3. 平衡团队合作与个人思考（无依赖现象）	25	

续表

评价指标	评价要素	分数	分数评定
学习方法	1. 工作计划科学，操作符合标准流程 2. 体现持续发展潜力	15	
工作过程	1. 严格遵守安全规范和考勤纪律 2. 该组成员是否能完成植保任务，并善于多角度思考问题，能主动发现问题并提出有价值的建议和想法	20	
思维状态	从问题发现到解决形成完整闭环	5	
自评反馈	自评过程严谨，测试独立完成	10	
总分		100	
评价项目	评价内容		
突出优点	1. 信息转化能力突出，________ 2. 创新方案有效，________		
待改进点	1. 协作效率可提升，________ 2. 操作规范性需加强，________		
建议措施	1. 建议采用________工具优化协作 2. 需增加________专项训练		

（3）教师评分

教师将借助表 1–34，严格依据评分标准，对各小组任务工作过程进行全面深入总评，为小组后续改进给予精准指导。

表 1–34 教师评分表

班级：______ 组号：______ 组员姓名：____________ 日期：______

出勤与基础素养				
评价项目	评分标准	分值	扣分说明	得分
出勤情况	全勤（缺勤 1 次扣 2 分，迟到 / 早退 1 次扣 1 分）	5		
学习过程评价				
评价指标	评价要素	分值	扣分标准	得分
信息	1. 仪态自然，表达流畅 2. 逻辑清晰，分工明确	10	表达不清扣 1 分 / 项，分工模糊扣 2 分 / 项	
计划	1. 收集资料，制定任务规划单 2. 计划制订及清单清晰合理 3. 设备检查单完整 4. 设备点检单完整	10	资料缺失扣 2 分 / 项，规划不合理扣 3 分	
决策	制定最佳作业方案	9	参数错误扣 1 分 / 处	

评价指标	评价要素	分值	扣分标准	得分
实施	1. 参数记录完整（高度、速度、每公顷喷量） 2. 用药方案合规 3. 飞行日志详实	15		
	1. 无人机起降规范 2. 参数设置准确 3. 避障操作合规	20		
	1. 按二次稀释法规范操作 2. 安全防护到位	10		
	1. 药箱 / 喷头清洗彻底 2. 电池存放合规	10		
控制	明确作业方法的注意事项	5		
评价	互评分数折算（按 20% 比例）	3		
	自评分数折算（按 20% 比例）	3		
总分		100		
改进措施	1. 需加强________操作训练 2. 建议优化________流程			

教师签名：__________

7. 复盘

根据小组作业成果，小组讨论，分析待改进方面及预防措施。

____

____

____

学习情境四 棉花脱叶剂喷洒技术

学 习 目 标

知识目标

1. 了解棉花生长发育过程和生长环境的要求；
2. 掌握不同脱叶剂的特点、适用条件和使用方法；
3. 了解无人机操作和飞行安全知识；
4. 熟悉相关农业信息技术和无人机喷洒技术。

能力目标

1. 能够根据棉花生长阶段的需要，确定适宜的脱叶剂和喷洒剂量；
2. 熟练操作无人机进行精确喷洒，保证脱叶剂的均匀覆盖；
3. 具备解决喷洒过程中可能出现的问题和应对紧急情况的能力。

素质目标

1. 具备责任心和专业精神，保证喷洒过程的安全性和有效性；
2. 具备团队合作和沟通能力，能够与团队成员、农户、农业技术人员等进行良好的合作和交流；
3. 具备问题解决能力，能够根据实际情况灵活调整作业策略；
4. 具有严格按照相关规范操作的意识。

知 识 背 景

1. 棉花的生长周期

棉花从播种到收获一般需要 150~200 天（因品种和气候条件而异），其生长过程可分为以下五个阶段：

（1）发芽出苗期（播种至出苗，7~15 天）

种子吸水膨胀，胚根突破种皮，形成主根，随后子叶出土展开。

（2）苗期（出苗至现蕾，30~45 天）

以根系和茎叶生长为主，需充足光照和适宜温度（20~30 ℃）。

（3）蕾期（现蕾至开花，25~30 天）

营养生长与生殖生长并进，花蕾形成，水肥需求增加。

（4）花铃期（开花至吐絮，50~70 天）

①开花期：花朵开放，授粉后形成棉铃（幼铃）；

②花铃期：棉铃膨大，纤维发育，需大量养分和水分；

③吐絮期：棉铃成熟开裂，纤维脱水形成絮状。

（5）收获期（吐絮至采收结束）

棉铃陆续吐絮，需及时采收。

2. 关键生长需求

①温度：最适生长温度 25~30 ℃，环境温度低于 15 ℃或高于 35 ℃会抑制生长；

②光照：喜光作物，日均光照需≥ 12 h；

③水分：花铃期需水量最大，但忌涝渍；

④土壤：疏松、排水良好的沙壤土，pH 值为 6~8。

3. 脱叶剂的成分、作用机理及使用注意事项

脱叶剂是棉花机械化采收前使用的化学药剂，促进叶片脱落并抑制新叶生长，减少杂质，提高采棉效率。

1）常见脱叶剂成分及作用机理（表 1–35）

表 1–35　常见脱叶剂成分及作用机理

成分类型	代表化合物	作用机理	特点
噻苯隆类	噻苯隆	干扰植物细胞分裂和激素平衡，促进离层形成，导致叶片脱落	脱叶效果好，但对温度敏感
敌草隆类	敌草隆	抑制光合作用，导致叶片衰老脱落	需配合其他药剂使用
乙烯利	乙烯利	释放乙烯，加速成熟和叶片脱落	兼有催熟作用，低温效果差
复配剂	噻苯隆 + 敌草隆 / 乙烯利	综合作用，提高脱叶效率和稳定性	广泛使用，适应性更强

2）使用注意事项

（1）施用时间

棉铃成熟度≥ 70%（顶部棉铃≥ 40 天铃期），吐絮率 30%~40%，日间温度≥ 18 ℃（噻苯隆需≥ 20 ℃），避开雨天或大风天。

（2）剂量控制

严格按说明书配比（如噻苯隆常用量每公顷 450~750 g，乙烯利每公顷 1 050 ~1 500 mL）。避免过量使用导致棉株枯死或纤维强度下降。

（3）喷施技术

无人机或机械喷雾，雾滴均匀覆盖叶片。避免重喷或漏喷。

（4）安全间隔期

喷药后 7~10 天方可采收，确保药剂充分作用。

（5）环境与安全

避免药剂飘散至其他作物（如敏感蔬菜、果树）。操作人员须穿戴防护装备，防止吸入或皮肤接触。

3）常见问题及对策

①脱叶不彻底：温度过低或施药过早，需选择晴暖天气补喷；

②棉铃未成熟：乙烯利过量可能导致提前开裂，需控制剂量；

③药害：叶片灼伤或植株萎蔫，需及时灌溉稀释药剂。

学 习 任 务

1. 信息（创设情境，提供资讯）

（1）工作情境描述

由于棉花脱叶对产量和品质影响重大，科学的脱叶剂喷洒能促进叶片适时脱落，改善棉田环境，利于吐絮与机械采收。新疆的张先生在当地经营大规模棉花农场，有着丰富的种植经验。但近年来气候多变，张先生很难精准把握脱叶剂喷洒时机与用量，且农场扩产后，人力和作业效率面临挑战，所以选择委托A植保团队实施棉花脱叶剂喷洒工作。

A植保团队迅速组建，团队包含农业技术专家、植保人员和无人机操控手。团队第一时间赶赴农场，实地考察其地理位置、地形地貌、棉花种植布局、品种分布及生长状况，同时与张先生及其工作人员交流，掌握农场种植管理历史数据，为后续精准开展脱叶剂喷洒工作做足准备。

（2）填写任务委托书

在完成本学习情境的学习后，请查阅相关资料或查询更多相关信息，以执行本次飞防任务。飞防任务委托书详见表1–36。

表1–36　飞防任务委托书

委托方	
联系方式	
受托方	
项目负责人	
作业内容	
作业要求	1. ____日内完成作业（遇雨顺延）
	2. 药剂方案：
	3. 作业时间：202__年__月__日—__日
现场勘察与条件确认	田块勘察情况：
	天气条件评估：
	药剂准备情况：
	设备状态确认：

条件确认后作业要求	1. 设备：使用______台植保无人机（型号：大疆______），每公顷喷量________ L 2. 药剂：严格按方案配比____________ 3. 安全：避开高压线 50 m 以上，作业时田边设置警示牌
双方责任	委托方：提供田间障碍物分布图，协调农户配合作业 受托方：按标准配药、安全作业，提交飞防报告及用药记录

委托方签字：_____________　　　　受托方签字：____________

日期：　　　　　　　　　　　　　日期：

注：本任务单一式两份，作业方与客户各执一份，作为作业凭证。

（3）任务分组

请依据表 1–37 任务分组表，明确小组内部各成员在对应情境中的角色。

表 1–37　任务分组

班级		**组号**	
指导教师		**组长**	
组长职责	负责整体协调把控进度		
任务分工	**人员数量**	**人员姓名**	**主要职责**
飞手（操作岗）			
地勤保障（辅助岗）			
数据记录（技术岗）			
安全监督（管理岗）			
工作流程			
晨会			
检查			
作业			
总结			
组长签字		**日期**	
指导教师签字		**日期**	

（4）问题引导

问题 1：详细描述棉花为什么要喷脱叶剂？

小提示

减少杂质，促进成熟均匀，便于收获。

问题 2：植保作业前如何准备？

问题 3：药剂如何配制？

问题 4：如何利用二次稀释法配制脱叶剂？

小提示

在进行农药配制时要严格遵守二次稀释法，不当操作不仅会降低药效甚至会使农药失效。先将计算并称量好的药剂分别用水进行稀释，在母液桶中配制成母液，然后在配药大桶里倒入一半的水，按顺序将母液倒入（脱叶剂、助剂、乙烯利）并搅拌均匀。将母液桶加入清水清洗，将清洗后的药液也倒入大桶（三个桶分别操作）。最后往大桶里面倒入足量清水，再次搅拌均匀。

需要明确的是，绝不可在药剂没有稀释的情况下直接搅拌，否则将可能导致药剂成分不均匀，甚至失效。农药配制应坚持现配现用、少量多次的原则，避免一次配制整日所需药液量，导致药液浪费或剩余药液隔日使用。

问题 5：植保无人机棉花脱叶剂作业的综合影响因素有哪些？

问题 6: 作业中需要遵守哪些安全操作规范?

____

____

____

2. 工作计划(分析任务,制订计划)

按照收集的资料,制订飞防计划,计划包括完成植保方案设计,并填写植保作业设备检查单。

(1)植保方案设计

综合考虑农作物的类型、所处生长阶段,以及病虫害的发生态势等因素,拟定植保方案。方案内容涵盖农药种类筛选、浓度科学设定、精准把握喷洒时机,以及确定具体喷洒方式。详细植保方案设计见表 1–38。

表 1–38 植保方案设计

基础信息		
项目	**具体内容**	**备注**
作业田作物		
防治对象		
作业地点		
作业面积		
作业完成时间		
设备与物资准备		
类别	**具体内容**	**详细要求**
无人机型号		
电池	块	
配件		
维修工具		
通信工具		
配药工具		
防护设备		
转场设备		
发电机		
人员安排		
角色	**人数**	**职责**
飞手		
地勤人员		

续表

作业方案		
药剂选择		
喷洒参数		
环境约束		
应急处理		
签字确认		
角色	签字	日期
填写人员		
检查人员		

（2）植保作业设备检查

请严格依照上述方案，准备好相应的农药与设备。补充表 1–39 中检查标准及方法，依据植保作业设备检查单的具体内容，对设备状态展开全面、细致的检查，确保设备处于最佳工作状态。

表 1–39　植保作业设备检查单

班级：________　组号：________　组员姓名：____________________________　日期：________

系统设备	检查项目	检查标准及方法	结果	责任人
喷洒系统	药箱	★密封圈是否________，密封面是否________	□	
			□	
			□	
	★水泵		□	
	★喷头		□	
			□	
			□	
	水管		□	
	流量计		□	
★动力系统	桨叶	桨叶是否________，垫片是否________，若有则及时更换	□	
	电机	无________、无________	□	
		水平左右晃动电机，检查电机与电机座是否松动	□	
	电池	无________、电压________	□	
	电调	电调是否________	□	

系统设备	检查项目	检查标准及方法	结果	责任人
机身		机臂是否有________	□	
		展开机臂，检查套筒及套筒锁附近位置的螺纹是否________	□	
		★机头上方的 RTK 天线模块是否________	□	
		脚架与机身框体是否________	□	
		雷达外壳是否________	□	
		雷达支架安装是否________	□	
★遥控器		遥控器外观检测	□	
		遥控器外置电池与遥控器的________	□	

注：所有项目需现场检查并打钩（√），异常项用“△”标注并填写设备异常记录，带★项目为关键安全项，不合格禁止起飞。

检查人：________ 复核人：________ 异常处理：______________

请正确检查设备是否正常，如发现问题填写设备异常记录。

基础信息：______________________________

异常详情：______________________________

初步诊断：______________________________

处理流程：______________________________

3. 决策（集思广益，作出决定）

决策 1：各组派代表阐述作业方案。

____

____

____

决策 2：各组对其他组的作业方案从不同角度提出看法。

____

____

____

决策 3：教师结合学生完成情况进行点评，选出最佳方案。

____

____

____

4. 实施（分工合作，沟通交流）

（1）植保作业准备工作

第一项，遥控器检查：

a. 确保遥控器电量≥ 80%，低电量可能导致信号中断；

b. 天线无弯曲或破损，确保信号传输稳定；
c. 屏幕无裂痕、显示无异常（如花屏、闪烁）；
d. 推动摇杆后能自动回中，无卡滞现象。

第二项，植保机检查：

a. 桨叶无裂纹、变形，螺丝紧固无松动；
b. 电池卡扣牢固，插头无氧化或松动；
c. 状态指示灯开机后自检无报错。

第三项，指南针校准：

a. 选择开阔场地（半径 10 m 内无金属物体），远离高压线、铁栅栏等干扰源；
b. 通过 App 触发校准，水平旋转 360° 后再垂直旋转 360° 至提示成功。

第四项，起飞前排气：

药箱加清水至 1/3 容量，启动水泵连续喷水 10 s。观察喷头水流是否稳定无气泡，确保管路无空气残留。

第五项，物资准备：

检查装载药剂。

第六项，田间勘察：

a. 标记障碍物（如电线杆、树木）；
b. 确定起降地点。

（2）作业设备点检

为保障植保作业高效、有序进行，防止因设备遗漏导致作业中断，特制作植保作业点检单，见表 1-40。这份点检单宛如作业前的“贴心助手”，能够辅助工作人员全面梳理并确认所需携带的各类设备。

表 1-40　植保作业点检单

班级：________　组号：________　组员姓名：______________________________　日期：________

序号	项目	名称	单位	数量	是否携带	备注
1	植保机相关	植保机	台		□是□否	
		智能电池充电器	台		□是□否	
		智能电池充电器接地线	根		□是□否	
		植保机电池	块		□是□否	
2	遥控器相关	遥控器	个		□是□否	
		RTK 高精度定位模块	个		□是□否	
		遥控器电池	块		□是□否	

续表

序号	项目	名称	单位	数量	是否携带	备注
3	配药工具	母液桶	个		□是□否	
		拌药工具	根		□是□否	
4	安全防护及配件	对讲机	个		□是□否	
		桨叶	套		□是□否	
		工具	套		□是□否	
		螺丝、螺母及其他配件	包		□是□否	
		口罩、手套	套		□是□否	

记录人员：________　　　　　　　　复核人员：________

（3）完成植保无人机飞防报告

植保无人机飞防报告包含作业时间、地点、作物等基础信息。报告中会详细阐述无人机参数、用药详情以及作业方案，如实记录飞行过程中的具体状况，并对防治效果、用药合理性及作业效率等成果进行综合评定，最终由相关人员签字确认，具体内容详见表 1-41。

表 1-41　植保无人机飞防报告

项目	内容
作业日期	
作业地点	
作业田作物	
完成面积	
飞行参数	高度： 飞行速度： 作业半径： 每公顷施药量：
用药量	农药名称： 剂型： 有效成分及含量： 每公顷用量： 喷头类型：
问题记录	

记录人员：________　　　　　　　　复核人员：________

小提示

植保无人机棉花脱叶剂作业建议：

a. 作业气象条件：作业后3~5天最低温度不低于12 ℃，平均气温不低于16 ℃，二级风以下。

b. 成熟度：吐絮率为30%~50%尤佳。

c. 药剂配制：严格按照二次稀释法配制，避免药量过多造成的焦枝挂叶。

d. 贪青晚熟：延迟作业，增加药剂量，增加喷洒亩用量。

e. 株高较高：增加药剂量，增加喷洒亩用量，适当降低高度与速度。

f. 气温较低：适当增加药剂量。

（4）植保无人机清理

植保无人机清理的详细内容，可查看表1-42。此表完整呈现了植保无人机清理的各项要点、操作流程以及相关注意事项，为规范、高效地开展无人机清理工作提供了清晰且实用的指引。

表1-42 植保无人机每日清理

系统设备	清理项目	日常维护内容	备注	完成情况
喷洒系统	药箱	使用清水或肥皂水注满作业药箱，并完全喷出，如此反复清洗三次		□
	滤网	将药箱滤网及喷嘴拆除后进行清洁，确保无堵塞，然后再清水浸泡12 h		□
	喷头			□
动力系统	桨叶	用湿布擦拭桨叶，检查桨叶有无裂纹，再用干布抹干水渍		□
	桨夹	使用软刷或湿布清洁，再用干布擦干水渍		□
	电机			□
	电池	用棉签蘸酒精擦拭，存放电量：________		□
机身		用软毛刷或湿布清理机身，再用干布擦干水渍		□
遥控器		用拧干的湿布清除表面灰尘与农药残留		□

记录人员：________　　　　复核人员：________

5. 控制（查漏补缺，质量检测）

（1）作业注意事项

____

____

____

（2）项目评分

表 1–43 详细罗列评分细则，通过打分形式全面评估对应项目完成情况。

表 1–43　项目评分表

班级：________　组号：________　组员姓名：______________________　日期：________

序号	考评项目	考评要点	考评方法	应得分	实得分	问题说明
1	学习工作页	1. 书写工整，无错别字	每处错误扣 2 分	10		
		2. 按时完成，按时提交				
2	职业素养	1. 穿戴规范、整洁	违规一次扣 5 分	20		
		2. 团队协作				
		3. 独立完成作业				
		4. 考勤纪律 不迟到 / 早退 / 旷课				
3	农药配制	1. 禁用高毒农药	每项错误扣 2 分	10		
		2. 正确佩戴防护用具				
		3. 药剂桶专用				
		4. 掌握二次稀释法				
		5. 实操规范 （先配制母液后稀释）				
4	作业前准备	1. 遥控器检查	遗漏一项扣 4 分	20		
		2. 摇杆模式确认				
		3. 无人机结构检查 （桨叶、喷头）				
		4. 指南针校准				
		5. 药箱排气				
5	作业模式	1. 航线规划合理	每项错误扣 5 分	25		
		2. 速度合适				
		3. 高度合适				
		4. 精准起停				
		5. 障碍物避让				

续表

序号	考评项目	考评要点	考评方法	应得分	实得分	问题说明
6	航线规划参数	1. 每公顷用量 2. 喷幅匹配	参数错误一个扣 2.5 分	5		
7	完成质量	1. 雾滴密度 2. 防治效果	每项不达标扣 5 分	10		
总分				100		

考评人签名：________________

6. 评价（总结过程，任务评估）

（1）学生自评表

借助表 1-44 学生自评表，团队完成复盘分析，进而拟定出相应的改进举措。

表 1-44　学生自评表

班级：________　组号：________　组员姓名：______________________________　日期：________

评价指标	评价要素	分数	分数评定
信息检索	1. 能有效利用网络资源、工作手册查找有效信息 2. 能清晰归纳并转化信息至实际工作	10	
感知工作	1. 明确自身岗位职责，认同工作价值 2. 能在任务执行中获得成就感	10	
团队协作	1. 师生保持平等、尊重的沟通 2. 主动分享信息，协作高效	20	
学习方法	1. 平衡自主学习与合作学习 2. 能提出创新性问题或见解 3. 严格按规范操作	10	
工作过程	1. 遵守操作规程和考勤纪律 2. 每日任务完成度高 3. 能发现并提出关键问题	15	
思维状态	1. 具备从发现问题到解决问题的闭环能力 2. 提出创新性解决方案	10	
自评反馈	1. 按时保质提交成果 2. 专业知识掌握扎实 3. 分析报告逻辑严谨、表述清晰	25	
总分		100	
评价项目	内容记录		
有益经验	1. 团队分工明确，效率提升，________________________________ 2. 创新性方法应用，____		

续表

评价项目	内容记录
存在问题	1. 信息检索效率待提高，____________ 2. 操作规范性不足，____________
改进措施	1. 加强____________技能训练 2. 制定____________标准化流程

（2）团队互评

团队应借助表 1-45，依据既定评分标准，对工作过程展开全面客观互评，推动团队交流与共同进步。

表 1-45 团队互评表

班级：______ 组号：______ 组员姓名：____________ 日期：______

评价指标	评价要素	分数	分数评定
信息检索	1. 能有效利用网络资源、工作手册并筛选有效信息 2. 能清晰归纳并准确表述知识要点 3. 能将理论信息转化为实操方案	15	
感知工作	1. 成员角色分工明确，职责清晰 2. 团队整体工作积极性高，成就感显著	10	
参与状态	1. 师生沟通顺畅，相互尊重、理解，平等交流 2. 能主动分享关键信息，保持高效协作 3. 平衡团队合作与个人思考（无依赖现象）	25	
学习方法	1. 工作计划科学，操作符合标准流程 2. 体现持续发展潜力	15	
工作过程	1. 严格遵守安全规范和考勤纪律 2. 该组成员是否能完成植保任务，并善于多角度思考问题，能主动发现问题并提出有价值的建议和想法	20	
思维状态	从问题发现到解决形成完整闭环	5	
自评反馈	自评过程严谨，测试独立完成	10	
总分		100	
评价项目	评价内容		
突出优点	1. 信息转化能力突出，____________ 2. 创新方案有效，____________		
待改进点	1. 协作效率可提升，____________ 2. 操作规范性需加强，____________		
建议措施	1. 建议采用____________工具优化协作 2. 需增加____________专项训练		

（3）教师评分

教师将借助表 1–46，严格依据评分标准，对各小组任务工作过程进行全面深入总评，为小组后续改进给予精准指导。

表 1–46　教师评分表

班级：________　组号：________　组员姓名：______________________________　日期：________

出勤与基础素养				
评价项目	评分标准	分值	扣分说明	得分
出勤情况	全勤（缺勤 1 次扣 2 分，迟到 / 早退 1 次扣 1 分）	5		
学习过程评价				
评价指标	评价要素	分值	扣分标准	得分
信息	1. 仪态自然，表达流畅 2. 逻辑清晰，分工明确	10	表达不清扣 1 分 / 项，分工模糊扣 2 分 / 项	
计划	1. 收集资料，制定任务规划单 2. 计划制订及清单清晰合理 3. 设备检查单完整 4. 设备点检单完整	10	资料缺失扣 2 分 / 项，规划不合理扣 3 分	
决策	制定最佳作业方案	9	参数错误扣 1 分 / 处	
实施	1. 参数记录完整（高度、速度、每公顷喷量） 2. 用药方案合规 3. 飞行日志详实	15		
	1. 无人机起降规范 2. 参数设置准确 3. 避障操作合规	20		
	1. 按二次稀释法规范操作 2. 安全防护到位	10		
	1. 药箱 / 喷头清洗彻底 2. 电池存放合规	10		
控制	明确作业方法的注意事项	5		
评价	互评分数折算（按 20% 比例）	3		
	自评分数折算（按 20% 比例）	3		
总分		100		
改进措施	1. 需加强__________操作训练 2. 建议优化__________流程			

教师签名：____________

7. 复盘

根据小组作业成果，小组讨论，分析待改进方面及预防措施。

学习情境五 柑橘病虫害防治

学 习 目 标

知识目标

1. 理解柑橘病虫害的特点、病虫害的防治原则和方法；
2. 掌握不同病虫害的鉴定、防治技术和控制措施；
3. 了解无人机操作和飞行安全知识。

能力目标

1. 能够通过观察，识别柑橘病虫害种类和程度；
2. 熟练操作无人机进行精确农药喷洒，达到病虫害防治的效果；
3. 具备解决喷洒过程中可能出现的问题和应对紧急情况的能力。

素质目标

1. 具备责任心和专业精神，保证喷洒过程的安全性和有效性；
2. 具备团队合作和沟通能力，与团队成员、农户、农业技术人员等进行良好的合作和交流；
3. 具备批判性思维和问题解决能力，能够根据实际情况灵活调整作业策略。

知 识 背 景

1. 柑橘病害

1）柑橘溃疡病（细菌性病害）

（1）危害

叶片、枝条和果实出现木栓化隆起病斑，中央凹陷如火山口，易落叶落果。

（2）防治措施

①选用无病苗，新园区避免混栽感病品种（如感病的橙类、沃柑等）；

②加强通风透光，雨季及时排水，控制氮肥用量；

③喷施铜制剂（如氢氧化铜、春雷·王铜）或生物农药（如中生菌素）；

④发病初期剪除病枝叶并销毁，喷药时加入内吸性药剂（如噻唑锌）。

2）其他常见病害

（1）炭疽病（真菌）

叶片出现褐色斑点，果实腐烂，可用咪鲜胺、苯醚甲环唑防治。

（2）黄龙病（细菌，毁灭性）

叶片斑驳黄化，果实畸形，需及时挖除病株，防控木虱（传播媒介）。

2. 柑橘主要虫害

1）红蜘蛛（叶螨）

（1）危害

吸食叶片汁液，导致叶片灰白失绿、落叶，严重时削弱树势。

（2）防治措施

①农业防治：冬季清园（石硫合剂），增强树势；

②生物防治：释放捕食螨（如胡瓜钝绥螨）；

③化学防治：联苯肼酯＋乙螨唑（卵螨双杀）和阿维菌素＋螺螨酯，轮换用药，注意喷药覆盖叶背，避开高温时段。

2）其他关键虫害

（1）潜叶蛾

幼虫蛀食新梢形成弯曲虫道，可在新梢期喷施氯虫苯甲酰胺防治。

（2）蚧壳虫

枝干或果实上附着白色/褐色虫体，可用螺虫乙酯＋噻嗪酮防治。

（3）木虱（黄龙病传播者）

喷施吡虫啉或高效氟氯氰菊酯。

3. 山地柑橘栽培管理技巧

1）水土保持

①修筑梯田或等高种植，挖排水沟防涝；

②覆盖秸秆/地膜减少水土流失，夏季注意保湿。

2）土壤改良

①定植前深翻土壤，增施有机肥（腐熟农家肥＋菌肥）；

②酸性土壤施石灰调节 pH 值为 5.5~6.5。

3）肥水管理

①少量多次施肥，雨季防肥水流失；

②补充中微量元素（如镁、硼），预防缺素症。

4）病虫害防控要点

①山地通风差易发病，需定期修剪密生枝；

②雨季前喷保护性杀菌剂（如代森锰锌）。

学习任务

1. 信息（创设情境，提供资讯）

（1）工作情境描述

在奉节这片以柑橘产业闻名的土地上，胡先生经营着一片规模可观的柑橘园，多年来凭借精心的照料和奉节得天独厚的自然条件，果园一直产出优质柑橘。然而，近期一场突如其来的严重红蜘蛛虫害打破了果园的平静。

红蜘蛛在柑橘园中迅速繁殖，大量聚集于柑橘叶片背面，疯狂吸食叶片汁液。如今，胡先生果园里的柑橘树满目疮痍，受害叶片布满灰白色小点，严重的已枯黄卷曲，大量叶片提前脱落。这不仅让柑橘树的光合作用严重受阻，树势愈发衰弱，更令胡先生忧心忡忡的是，若虫害得不到及时遏制，今年柑橘的产量势必锐减，柑橘品质也会一落千丈，将带来难以估量的经济损失。

在焦急寻找解决办法的过程中，胡先生听闻 A 植保团队在农作物病虫害防治领域成绩斐然，拥有先进的植保无人机设备、专业的技术团队以及丰富的实战经验，能精准高效地应对各类病虫害问题。于是，胡先生满怀期待地联系 A 植保团队，希望其能凭借专业优势，迅速为其果园制定一套行之有效的红蜘蛛虫害防治方案，及时控制住虫害蔓延的势头，帮助他的柑橘园重归生机，保障今年柑橘的丰收。

（2）填写任务委托书

在完成本学习情境的学习后，请查阅相关资料或查询更多相关信息，以执行本次飞防任务。飞防任务委托书详见表 1–47。

表 1–47　飞防任务委托书

委托方	
联系方式	
受托方	
项目负责人	
作业内容	
作业要求	1. ____日内完成作业（遇雨顺延）
	2. 药剂方案：
	3. 作业时间：202__年__月__日—__日
现场勘察与条件确认	田块勘察情况：
	天气条件评估：
	药剂准备情况：
	设备状态确认：
条件确认后作业要求	1. 设备：使用____台植保无人机（型号：大疆________），喷量____L 2. 药剂：严格按方案配比____________ 3. 安全：避开高压线 50 m 以上，作业时田边设置警示牌
双方责任	委托方：提供田间障碍物分布图，协调农户配合作业 受托方：按标准配药、安全作业，提交飞防报告及用药记录

委托方签字：____________　　　　受托方签字：____________

日期：　　　　　　　　　　　　　日期：

注：本任务单一式两份，作业方与客户各执一份，作为作业凭证。

（3）任务分组

请依据表 1–48 任务分组表，明确小组内部各成员在对应情境中的角色。

表 1–48　任务分组表

班级			组号	
指导教师			组长	
组长职责	负责整体协调把控进度			
任务分工	人员数量	人员姓名	主要职责	
飞手（操作岗）				
地勤保障（辅助岗）				
数据记录（技术岗）				
安全监督（管理岗）				
工作流程				
晨会				
检查				
作业				
总结				
组长签字		日期		
指导教师签字		日期		

（4）问题引导

问题 1：在对奉节柑橘园进行红蜘蛛虫害防治时，哪些因素可能会对柑橘作物本身或周边作物造成药害？

____

____

____

小提示

①对作物直接造成的药害，如重喷或药剂过量药害；

②温度原因造成的药害；

③防特性造成的药害。

问题 2: 详细说明柑橘作业环境需要注意哪些方面。

____

____

____

问题 3: 简述植保无人机在柑橘病虫害防治作业的流程。

____

____

____

2. 工作计划(分析任务,制订计划)

按照收集的资料,制订飞防计划,计划包括完成植保方案设计,并填写植保作业设备检查单。

(1)植保方案设计

综合考虑农作物的类型、所处生长阶段,以及病虫害的发生态势等因素,拟定植保方案。方案内容涵盖农药种类筛选、浓度科学设定、精准把握喷洒时机,以及确定具体喷洒方式。详细植保方案设计见表 1–49。

表 1–49 植保方案设计

基础信息		
项目	**具体内容**	**备注**
作业田作物		
防治对象		
作业地点		
作业面积		
作业完成时间		
设备与物资准备		
类别	**具体内容**	**详细要求**
无人机型号		
电池		
配件		
维修工具		
通信工具		
配药工具		
防护设备		
转场设备		
发电机		

续表

人员安排		
角色	人数	职责
飞手		
地勤人员		
作业方案		
药剂选择		
喷洒参数		
环境约束		
应急处理		
签字确认		
角色	签字	日期
填写人员		
检查人员		

（2）植保作业设备检查

请严格依照上述方案，准备好相应的农药与设备。补充表1-50中检查标准及方法，依据植保作业设备检查单的具体内容，对设备状态展开全面、细致的检查，确保设备处于最佳工作状态。

表1-50　植保作业设备检查单

班级：________　组号：________　组员姓名：________________________　日期：________

系统设备	检查项目	检查标准及方法	结果	责任人
喷洒系统	药箱	★密封圈是否________，密封面是否________	□	
		水箱内滤网是否________	□	
		水箱内液位计是否________	□	
	★水泵	通过遥控器检查________，若数据异常，联系售后________	□	
	★喷头	喷嘴是否________，喷雾是否________	□	
		嘴橡胶圈是否____，封面是否__________	□	
		喷嘴滤网是否________	□	
	水管	水管是否________	□	
	流量计	流量计数据是否________	□	

续表

系统设备	检查项目	检查标准及方法	结果	责任人
★动力系统	桨叶	桨叶是否____，垫片是否____，若有则及时更换	□	
	电机	无____、无____	□	
		水平左右晃动电机，检查电机与电机座是否松动	□	
	电池	无____、电压____	□	
	电调	电调是否____	□	
机身		机臂是否有____	□	
		展开机臂，检查套筒及套筒锁附近位置的螺纹是否____	□	
		★机头上方的 RTK 天线模块是否____	□	
		脚架与机身框体是否____	□	
		雷达外壳是否____	□	
		雷达支架安装是否____	□	
★遥控器		遥控器外观检测	□	
		遥控器外置电池与遥控器的____	□	

注：所有项目需现场检查并打钩（√），异常项用“△”标注并填写设备异常记录，带★项目为关键安全项，不合格禁止起飞。

检查人：____ 复核人：____ 异常处理：________

请正确检查设备是否正常，如发现问题填写设备异常记录。

基础信息：________________

异常详情：________________

初步诊断：________________

处理流程：________________

3. 决策（集思广益，作出决定）

决策 1：各组派代表阐述作业方案。

____

____

____

决策 2：各组对其他组的作业方案从不同角度提出看法。

____

____

____

决策 3: 教师结合学生完成情况进行点评,选出最佳方案。

____

____

____

4. 实施(分工合作,沟通交流)

(1)植保作业的准备工作

第一项,遥控器检查:

a. 确保遥控器电量≥ 80%,低电量可能导致信号中断;

b. 天线无弯曲或破损,确保信号传输稳定;

c. 屏幕无裂痕、显示无异常(如花屏、闪烁);

d. 推动摇杆后能自动回中,无卡滞现象。

第二项,植保机检查:

a. 桨叶无裂纹、变形,螺丝紧固无松动;

b. 电池卡扣牢固,插头无氧化或松动;

c. 状态指示灯开机后自检无报错。

第三项,指南针校准:

a. 选择开阔场地(半径 10 m 内无金属物体),远离高压线、铁栅栏等干扰源;

b. 通过 App 触发校准,水平旋转 360° 后再垂直旋转 360° 至提示成功。

第四项,起飞前排气:

药箱加清水至 1/3 容量,启动水泵连续喷水 10 s。观察喷头水流是否稳定无气泡,确保管路无空气残留。

第五项,物资准备:

检查装载药剂。

第六项,田间勘察:

a. 标记障碍物(如电线杆、树木);

b. 确定起降地点。

(2)作业设备点检单

为保障植保作业高效、有序进行,防止因设备遗漏导致作业中断,特制作植保作业点检单,如表 1–51 所示。这份点检单宛如作业前的"贴心助手",能够辅助工作人员全面梳理并确认所需携带的各类设备。

表 1–51 植保作业点检单

班级:________ 组号:________ 组员姓名:______________________ 日期:________

序号	项目	名称	单位	数量	是否携带	备注
1	植保机相关	植保机	台		□是□否	
		智能电池充电器	台		□是□否	

序号	项目	名称	单位	数量	是否携带	备注
1	植保机相关	智能电池充电器接地线	根		□是□否	
		植保机电池	块		□是□否	
2	遥控器相关	遥控器	个		□是□否	
		RTK 高精度定位模块	个		□是□否	
		遥控器电池	块		□是□否	
3	配药工具	母液桶	个		□是□否	
		拌药工具	根		□是□否	
4	安全防护及配件	对讲机	个		□是□否	
		桨叶	套		□是□否	
		工具	套		□是□否	
		螺丝、螺母及其他配件	包		□是□否	
		口罩、手套	套		□是□否	

记录人员：________　　　　复核人员：________

（3）完成植保无人机飞防报告

植保无人机飞防报告包含作业时间、地点、作物等基础信息。报告中会详细阐述无人机参数、用药详情以及作业方案，如实记录飞行过程中的具体状况，并对防治效果、用药合理性及作业效率等成果进行综合评定，最终由相关人员签字确认，具体内容详见表 1–52。

表 1–52　植保无人机飞防报告

项目	内容
作业日期	
作业地点	
作业田作物	
完成面积	
飞行参数	高度： 飞行速度： 作业半径： 每公顷施药量：

续表

项目	内容
用药量	农药名称： 剂型： 有效成分及含量： 每公顷用量： 喷头类型：
问题记录	

记录人员：________　　复核人员：________

（4）植保无人机清理

植保无人机清理的详细内容，可查看表 1-53。此表完整呈现了植保无人机清理的各项要点、操作流程以及相关注意事项，为规范、高效地开展无人机清理工作提供了清晰且实用的指引。

表 1-53　植保无人机每日清理表

系统设备	清理项目	日常维护内容	备注	完成情况
喷洒系统	药箱	使用清水或肥皂水注满作业药箱，并完全喷出，如此反复清洗3次	施药于敏感作物或其他药剂前需要彻底________	□
	滤网	将药箱滤网及喷嘴拆除后进行清洁，确保无堵塞，然后再清水浸泡12 h	使用软刷清理，切勿使用金属物体清理	□
	喷头		安装喷嘴时注意正确安装橡胶垫片与喷嘴定位环	□
动力系统	桨叶	用湿布擦拭桨叶，检查桨叶有无裂纹，再用干布抹干水渍	更换桨叶时________	□
	桨夹	使用软刷或湿布清洁，再用干布擦干水渍	桨夹破损________	□
	电机		若电机桨叶表面有沙尘、药液附着，建议先用湿布清洁表面，再用干布抹干水渍	□
	电池	用棉签蘸酒精擦拭，存放电量：________	电池不防水，切勿用水直接冲洗或泡水冲洗	□
机身		用软毛刷或湿布清理机身，再用干布擦干水渍	切勿使用超过 0.7 MPa 高压水枪清洗机身	□
遥控器		用拧干的湿布清除表面灰尘与农药残留	清理遥控器散热口时，切勿将水溅入	□

记录人员：________　　复核人员：________

5. 控制(查漏补缺,质量检测)

(1)作业注意事项

____

____

____

(2)项目评分

表1-54详细罗列评分细则,通过打分形式全面评估对应项目情况。

表1-54 项目评分表

班级:________ 组号:________ 组员姓名:______________________ 日期:________

序号	考评项目	考评要点	考评方法	应得分	实得分	问题说明
1	学习工作页	1. 书写工整,无错别字	每处错误扣2分	10		
		2. 按时完成,按时提交				
2	职业素养	1. 穿戴规范、整洁	违规一次扣5分	20		
		2. 团队协作				
		3. 独立完成作业				
		4. 考勤纪律 不迟到/早退/旷课				
3	农药配制	1. 禁用高毒农药	每项错误扣2分	10		
		2. 正确佩戴防护用具				
		3. 药剂桶专用				
		4. 掌握二次稀释法				
		5. 实操规范 (先配制母液后稀释)				
4	作业前准备	1. 遥控器检查	遗漏一项扣4分	20		
		2. 摇杆模式确认				
		3. 无人机结构检查 (桨叶、喷头)				
		4. 指南针校准				
		5. 药箱排气				
5	作业模式	1. 航线规划合理	每项错误扣5分	25		
		2. 速度合适				
		3. 高度合适				
		4. 精准起停				
		5. 障碍物避让				
6	航线规划参数	1. 每公顷用量	参数错误一个扣2.5分	5		
		2. 喷幅匹配				

续表

序号	考评项目	考评要点	考评方法	应得分	实得分	问题说明
7	完成质量	1. 雾滴密度 2. 防治效果	每项不达标扣 5 分	10		
总分				100		

考评人签名：______________ 日期：_____________

6. 评价（总结过程，任务评估）

（1）学生自评

借助表 1-55 学生自评表，团队完成复盘分析，进而拟定出相应的改进举措。

表 1-55　学生自评表

班级：________ 组号：________ 组员姓名：___________________________ 日期：________

评价指标	评价要素	分数	分数评定
信息检索	1. 能有效利用网络资源、工作手册查找有效信息 2. 能清晰归纳并转化信息至实际工作	10	
感知工作	1. 明确自身岗位职责，认同工作价值 2. 能在任务执行中获得成就感	10	
团队协作	1. 师生保持平等、尊重的沟通 2. 主动分享信息，协作高效	20	
学习方法	1. 平衡自主学习与合作学习 2. 能提出创新性问题或见解 3. 严格按规范操作	10	
工作过程	1. 遵守操作规程和考勤纪律 2. 每日任务完成度高 3. 能发现并提出关键问题	15	
思维状态	1. 具备从发现问题到解决问题的闭环能力 2. 提出创新性解决方案	10	
自评反馈	1. 按时保质提交成果 2. 专业知识掌握扎实 3. 分析报告逻辑严谨、表述清晰	25	
总分		100	
评价项目	**内容记录**		
有益经验	1. 团队分工明确，效率提升，___________________________ 2. 创新性方法应用，___________________________________		
评价项目	**内容记录**		
存在问题	1. 信息检索效率待提高，______________________________ 2. 操作规范性不足，___________________________________		
改进措施	1. 加强_________________________技能训练 2. 制定_________________________标准化流程		

（2）团队互评

团队应借助表 1-56，依据既定评分标准，对工作过程展开全面客观互评，推动团队交流与共同进步。

表 1-56　团队互评表

班级：________　组号：________　组员姓名：____________________________　日期：________

评价指标	评价要素	分数	分数评定
信息检索	1. 能有效利用网络资源、工作手册并筛选有效信息 2. 能清晰归纳并准确表述知识要点 3. 能将理论信息转化为实操方案	15	
感知工作	1. 成员角色分工明确，职责清晰 2. 团队整体工作积极性高，成就感显著	10	
参与状态	1. 师生沟通顺畅，相互尊重、理解，平等交流 2. 能主动分享关键信息，保持高效协作 3. 平衡团队合作与个人思考（无依赖现象）	25	
学习方法	1. 工作计划科学，操作符合标准流程 2. 体现持续发展潜力	15	
工作过程	1. 严格遵守安全规范和考勤纪律 2. 该组成员是否能完成植保任务，并善于多角度思考问题，能主动发现问题并提出有价值的建议和想法	20	
思维状态	从问题发现到解决形成完整闭环	5	
自评反馈	自评过程严谨，测试独立完成	10	
总分		100	
评价项目	**评价内容**		
突出优点	1. 信息转化能力突出，____________________________ 2. 创新方案有效，________________________________		
待改进点	1. 协作效率可提升，______________________________ 2. 操作规范性需加强，____________________________		
建议措施	1. 建议采用____________________________工具优化协作 2. 需增加______________________________专项训练		

（3）教师评分

教师将借助表 1-57，严格依据评分标准，对各小组任务工作过程进行全面深入总评，为小组后续改进给予精准指导。

表 1-57 教师评分表

班级：________ 组号：________ 组员姓名：____________________________ 日期：________

<table>
<tr><th colspan="5">出勤与基础素养</th></tr>
<tr><th>评价项目</th><th>评分标准</th><th>分值</th><th>扣分说明</th><th>得分</th></tr>
<tr><td>出勤情况</td><td>全勤（缺勤 1 次扣 2 分，迟到 / 早退 1 次扣 1 分）</td><td>5</td><td></td><td></td></tr>
<tr><th colspan="5">学习过程评价</th></tr>
<tr><th>评价指标</th><th>评价要素</th><th>分值</th><th>扣分标准</th><th>得分</th></tr>
<tr><td>信息</td><td>1. 仪态自然，表达流畅
2. 逻辑清晰，分工明确</td><td>10</td><td>表达不清扣 1 分 / 项，分工模糊扣 2 分 / 项</td><td></td></tr>
<tr><td>计划</td><td>1. 收集资料，制定任务规划单
2. 计划制订及清单清晰合理
3. 设备检查单完整
4. 设备点检单完整</td><td>10</td><td>资料缺失扣 2 分 / 项，规划不合理扣 3 分</td><td></td></tr>
<tr><td>决策</td><td>制定最佳作业方案</td><td>9</td><td>参数错误扣 1 分 / 处</td><td></td></tr>
<tr><td rowspan="4">实施</td><td>1. 参数记录完整（高度、速度、每公顷喷量）
2. 用药方案合规
3. 飞行日志详实</td><td>15</td><td></td><td></td></tr>
<tr><td>1. 无人机起降规范
2. 参数设置准确
3. 避障操作合规</td><td>20</td><td></td><td></td></tr>
<tr><td>1. 按二次稀释法规范操作
2. 安全防护到位</td><td>10</td><td></td><td></td></tr>
<tr><td>1. 药箱 / 喷头清洗彻底
2. 电池存放合规</td><td>10</td><td></td><td></td></tr>
<tr><td>控制</td><td>明确作业方法的注意事项</td><td>5</td><td></td><td></td></tr>
<tr><td rowspan="2">评价</td><td>互评分数折算（按 20% 比例）</td><td>3</td><td></td><td></td></tr>
<tr><td>自评分数折算（按 20% 比例）</td><td>3</td><td></td><td></td></tr>
<tr><td colspan="2">总分</td><td>100</td><td></td><td></td></tr>
<tr><td colspan="2">改进措施</td><td colspan="3">1. 需加强____________操作训练
2. 建议优化____________流程</td></tr>
</table>

教师签名：____________

7. 复盘

根据小组作业成果，小组讨论，分析待改进方面及预防措施。

____

____

____

学习模块二
无人机精准除草

学习目标

知识目标

1. 熟悉无人机的组成和基本原理，了解其飞行控制和导航系统；
2. 掌握无人机除草剂喷洒的基本原理、技术和操作流程；
3. 了解使用不同类型除草剂时的注意事项，如剂量、喷洒速度和精准度要求等。

能力目标

1. 熟练操作无人机，包括起飞、降落、悬停、转弯和飞行高度控制等；
2. 能够根据作物和杂草的分布情况制订飞行路径和喷洒计划；
3. 掌握无人机除草剂喷洒的技术要点，如飞行高度、速度，喷洒角度和覆盖率控制等。

素质目标

1. 具备安全意识和风险管理能力，能够识别和应对无人机操作中的潜在危险和风险；
2. 具备数据分析和决策能力，能够根据作物信息和喷洒需求优化无人机喷洒路径和剂量；
3. 具备团队合作能力和沟通技巧，能够与其他农业工作者合作，协调无人机喷洒作业。

基础知识

1. 除草剂分类

1）按作用方式分类

（1）内吸性除草剂

通过植物吸收（根、茎、叶）传导至全株，破坏其生理功能。

①优点：对多年生杂草效果好，能杀死根系。

②缺点：见效慢（3~7 天）。

③代表药剂：草甘膦，2，4- 二氯苯氧乙酸（2，4-D）。

（2）触杀性除草剂

仅杀死接触药剂的部位，不传导至全株。

①优点：见效快（1~2 天）。

②缺点：对多年生杂草效果差，需全覆盖喷洒。

③代表药剂：百草枯（已禁用），敌草快。

2）按作用性质分类

（1）选择性除草剂

①特点：利用作物与杂草的形态或代谢差异，仅杀死特定杂草，对作物安全。

②代表药剂：玉米田用莠去津（防阔叶草），水稻田用苄嘧磺隆（防莎草，阔叶草）。

（2）灭生性除草剂

①特点：无差别杀灭所有植物，非耕地、播种前或定向喷雾。

②代表药剂：草甘膦，敌草快。

3）按使用方式分类

（1）芽前除草剂（土壤处理剂）

①方法：在作物播种后出苗前，或作物生长期喷洒于土壤表面。

②作用：形成药层，抑制杂草萌发。

③代表药剂：乙草胺（封闭除草）。

（2）茎叶处理剂

①方法：杂草生长期直接喷施于茎叶，需在杂草敏感期（3~5 叶期）使用。

②代表药剂：草铵膦，氰氟草酯（水稻田）。

（3）特殊处理剂

①涂抹处理剂：针对性强（如防除灌木）。

②定向喷雾：保护作物，仅喷杂草（如果园）。

2. 除草剂的使用要点

1）科学选药

根据作物、杂草种类选择药剂（如大豆田用精喹禾灵防禾本科草）。注意轮换用药，避免出现抗性。

2）精准施药

须按说明书操作，避免施药过量导致药害。施药时间：土壤处理于播后 2 天内完成，茎叶处理于晴天无风时完成，避开高温（>30 ℃）或雨天。

3）安全防护

穿戴防护服、口罩，避免皮肤接触。施药后彻底清洗器械，防止残留药害。

4）环境兼容

避免污染水源（如鱼塘附近禁用吡啶类药剂）。敏感作物区慎用飘移性强的药剂（如

2,4-D 易伤邻近蔬菜)。

3. 常见误区与注意事项

1)误区

盲目混用多种药剂可能产生拮抗或药害。

2)注意事项

沙质土壤减少用量(易淋溶),作物苗弱、干旱或涝渍时慎用除草剂。

学习情境一 玉米田除草

学 习 目 标

知识目标

1. 掌握玉米田常见杂草的种类、生长特性及其危害;
2. 了解化学除草、机械除草和生物除草的原理及适用条件;
3. 熟悉常用除草剂的种类、使用方法及安全注意事项。

能力目标

1. 能正确识别玉米田主要杂草,并选择合适的防治方法;
2. 能规范使用除草剂,掌握配药、喷施及安全防护技术;
3. 能结合农艺措施(如轮作、覆盖)进行综合杂草管理。

素质目标

1. 树立科学用药意识,避免盲目加大剂量或滥用除草剂;
2. 培养环保观念,优先采用生态友好型除草方式;
3. 增强安全生产意识,遵守农药使用规范,保护自身及环境安全。

知 识 背 景

在玉米田除草作业中,苗前封闭除草与苗后定向喷洒除草两种方式各有特点,详细对比见表 2-1。

表 2-1　苗前封闭和苗后定向喷洒对比

对比项	玉米田除草方式	
	苗前封闭除草	苗后定向喷洒除草
施药时间	玉米播种后、出苗前（播后 1~3 天内）	玉米出苗后（3~5 叶期，杂草 2~4 叶期）
作用方式	土壤处理，形成药膜抑制杂草萌发	茎叶处理，直接杀死已出苗杂草
常用药剂	乙草胺、莠去津、异丙甲草胺等	烟嘧磺隆、硝磺草酮、苯唑草酮等
优点	1. 早期控草，减少杂草竞争； 2. 药效持久（30~50 天）； 3. 对玉米安全性高	1. 针对性强，对已出苗杂草效果好； 2. 可结合天气灵活调整施药时间； 3. 对部分抗性杂草有效
缺点	1. 依赖土壤湿度（干旱效果）； 2. 对已出苗杂草无效； 3. 长期单一使用易导致抗性	1. 严格掌握玉米生育期（避免药害）； 2. 对施药技术要求高（需定向喷雾）； 3. 遇雨需重喷
适用场景	1. 墒情好的地块； 2. 杂草基数大的田块； 3. 规模化种植田块	1. 封闭除草失败后的补救； 2. 禾本科杂草为主的田块； 3. 精准防控抗性杂草
关键注意事项	1. 播种后及时施药； 2. 避免翻动土层破坏药膜； 3. 沙质土需减量防药害	1. 避开高温（>30 ℃）施药； 2. 喷头加装防护罩防飘移； 3. 不与有机磷农药混用

苗前封闭适用于墒情稳定、杂草种类明确的田块，可减少苗后除草压力。封闭效果不佳或漏喷时，苗后定向喷洒是关键补救措施。交替用药，避免长期单一药剂，延缓抗药性（如莠去津与烟嘧磺隆轮换）。

学 习 任 务

1. 信息（创设情境，提供资讯）

（1）工作情境描述

唐先生是一位经验丰富的种植户，多年来一直致力于玉米种植，在当地拥有一片规模可观的玉米田。近期，随着气温升高、雨水增多，唐先生的玉米田杂草丛生。各种杂草与玉米幼苗争夺阳光、水分和养分，严重影响了玉米的正常生长。从田边望去，原本整齐有序的玉米苗间，密密麻麻地冒出了高矮不一的杂草，部分区域杂草甚至已经将玉米苗掩盖，若不及时除草，玉米的产量和质量都将受到极大威胁。

面对日益严峻的杂草问题，唐先生尝试过人工除草，但玉米田面积过大，人工除草效率极低，要耗费大量人力和时间，难以在杂草疯长的关键时期内完成除草工作。在四处寻求高效除草解决方案时，唐先生了解到 A 植保团队在农业植保领域的卓越声誉和专业能力。A 植保团队配备先进的植保设备，拥有一支专业技术过硬、经验丰富的团队，能够针对不同作物、不同草情制定精准有效的除草方案。基于此，唐先生满怀期待地委托 A 植保团队，希望借助专业力量，迅速、高效地解决玉米田的杂草困扰，确保玉米能够健康生长，为今年的丰收打下坚实基础。

（2）填写任务委托书

在完成本学习情境的学习后，请查阅相关资料或查询更多相关信息，以执行本次飞防任务。飞防任务委托书详见表 2-2。

表 2-2　飞防任务委托书

委托方	
联系方式	
受托方	
项目负责人	
作业内容	玉米田飞防除草（□苗前封闭、□苗后定向喷洒）
作业要求	
现场勘察与条件确认	
条件确认后作业要求	
双方责任	委托方： 1. 提供田间障碍物分布图 2. 协调农户清理田间杂物 3. 确保作业期间无人员滞留 受托方： 1. 按标准配药，避免药害 2. 安全操作无人机，避免漏喷、重喷 3. 作业后提交飞防报告（含用药记录、作业轨迹图）

委托方签字：______________　　　　受托方签字：____________

日期：　　　　　　　　　　　　　　日期：

注：本任务单一式两份，作业方与客户各执一份，作为作业凭证。

（3）任务分组

请依据表 2–3 任务分组表，明确小组内部各成员在对应情境中的角色。

表 2–3　任务分组表

<table>
<tr><td>班级</td><td colspan="2"></td><td>组号</td><td></td></tr>
<tr><td>指导教师</td><td colspan="2"></td><td>组长</td><td></td></tr>
<tr><td>组长职责</td><td colspan="4">负责整体协调把控进度</td></tr>
<tr><td>任务分工</td><td>人员
数量</td><td>人员姓名</td><td colspan="2">主要职责</td></tr>
<tr><td>飞手
（操作岗）</td><td></td><td></td><td colspan="2"></td></tr>
<tr><td>地勤保障
（辅助岗）</td><td></td><td></td><td colspan="2"></td></tr>
<tr><td>数据记录
（技术岗）</td><td></td><td></td><td colspan="2"></td></tr>
<tr><td>安全监督
（管理岗）</td><td></td><td></td><td colspan="2"></td></tr>
<tr><td colspan="5">工作流程</td></tr>
<tr><td>晨会</td><td colspan="4"></td></tr>
<tr><td>检查</td><td colspan="4"></td></tr>
<tr><td>作业</td><td colspan="4"></td></tr>
<tr><td>总结</td><td colspan="4"></td></tr>
<tr><td>组长签字</td><td colspan="2"></td><td>日期</td><td></td></tr>
<tr><td>指导教师签字</td><td colspan="2"></td><td>日期</td><td></td></tr>
</table>

（4）问题引导

问题 1： 在进行玉米田除草前，需要对玉米田及周边环境做哪些详细的勘察准备工作？

____

____

____

问题 2： 针对不同生长阶段的玉米和各类杂草，如何精准选择合适的除草剂？

____

____

____

问题 3: 在使用植保设备进行玉米田除草作业时，有哪些关键的安全操作规范必须严格遵守？

____

____

____

2. 工作计划（分析任务，制订计划）

按照收集的资料，制订飞防计划，计划包括完成植保方案设计，并填写植保作业设备检查单。

（1）植保方案设计

综合考量玉米田的种植品种、当前所处生长时期，以及杂草的滋生范围、种类构成和蔓延趋势等要素，拟定科学有效的玉米田除草方案。方案具体包含精准筛选适配的除草剂类型，依据玉米生长状况与杂草抗性科学设定药剂浓度，结合气候条件和杂草生长规律精准把握施药时机，以及确定高效且安全的除草剂喷洒方式，详细植保方案设计见表 2–4。

表 2–4　值保方案设计

基础信息		
项目	**具体内容**	**备注**
作业田作物		
防治对象		
作业地点		
作业面积		
作业完成时间		
设备与物资准备		
类别	**具体内容**	**详细要求**
无人机型号		
电池		
配件		
维修工具		
通信工具		
配药工具		
防护设备		
转场设备		
发电机		

人员安排		
角色	人数	职责
飞手		
地勤人员		

作业方案	
药剂选择	苗前封闭：乙草胺 + 莠去津（土壤处理剂） 苗后定向：烟嘧磺隆 + 硝磺草酮（茎叶处理剂） 注意：避免与有机磷农药混用
喷洒参数	飞行高度：2~3 m 飞行速度：4~5 m/s 每公顷喷量：15~22.5 L（根据杂草密度调整） 雾滴粒径：300~400 μm
环境约束	温度：15~28 ℃（避开中午高温）；风速：≤ 3 级；湿度：≥ 60%（苗前封闭需土壤湿润）
应急处理	药害：立即喷清水冲洗，增施叶面肥（如芸苔素内酯） 设备故障：启用备用机或暂停作业

签字确认			
角色		签字	日期
填写人员			
检查人员			

注意事项：

①药剂选择：苗前封闭需在播种后 3 天内完成；苗后定向严格在玉米 3~5 叶期施药。

②安全间隔：施药后 24 h 内人畜勿入，7 天内不允许灌溉。

③抗性管理：连续 2 年使用同一药剂需轮换（如莠去津与硝磺草酮轮换）。

（2）植保作业设备检查

请严格依照上述方案，准备好相应的农药与设备。补充填写表 2-5 中检查标准及方法，依据植保作业设备检查单的具体内容，对设备状态展开全面、细致的检查，确保设备处于最佳工作状态。

表 2-5 植保作业设备检查单

班级：________ 组号：________ 组员姓名：____________________ 日期：________

系统设备	检查项目	检查标准及方法	结果	责任人
喷洒系统	药箱		□	
			□	
			□	

系统设备	检查项目	检查标准及方法	结果	责任人
喷洒系统	★水泵		□	
	★喷头		□	
			□	
			□	
	水管		□	
	流量计		□	
★动力系统	桨叶		□	
	电机		□	
			□	
	电池		□	
	电调		□	
机身			□	
			□	
			□	
			□	
			□	
			□	
★遥控器			□	
			□	

注：所有项目需现场检查并打钩（√），异常项用“△”标注并填写设备异常记录，带★项目为关键安全项，不合格禁止起飞。

检查人：________ 复核人：________ 异常处理：________________

请正确检查设备是否正常，如发现问题填写设备异常记录。

基础信息：____

异常详情：____

初步诊断：____

处理流程：____

3. 决策（集思广益，作出决定）

决策 1：各组派代表阐述作业方案。

____

____

____

决策 2: 各组对其他组的作业方案从不同角度提出看法。

____

____

____

决策 3: 教师结合学生完成情况进行点评,选出最佳方案。

____

____

____

4. 实施(分工合作,沟通交流)

(1)植保作业的准备工作

第一项,遥控器检查:

a. 确保遥控器电量≥80%,低电量可能导致信号中断;

b. 天线无弯曲或破损,确保信号传输稳定;

c. 屏幕无裂痕、显示无异常(如花屏、闪烁);

d. 推动摇杆后能自动回中,无卡滞现象。

第二项,植保机检查:

a. 桨叶无裂纹、变形,螺丝紧固无松动;

b. 电池卡扣牢固,插头无氧化或松动;

c. 状态指示灯开机后自检无报错。

第三项,指南针校准:

a. 选择开阔场地(半径 10 m 内无金属物体),远离高压线、铁栅栏等干扰源;

b. 通过 App 触发校准,水平旋转 360° 后再垂直旋转 360° 至提示成功。

第四项,药路系统检查(关键):

a. 清水试喷,药箱加清水至 1/3 容量,启动水泵连续喷水 10 s。观察喷头水流是否稳定、无气泡,确保管路无空气残留。

b. 喷头检查无堵塞,雾化均匀(雾滴粒径 300~400 μm)。加装防护罩,减少药液飘移风险。

第五项,作业环境确认:

a. 天气条件为无雨,风速≤3 级(避免药液飘移),温度 15~28 ℃(高温易引发药害,低温影响药效)。

b. 田间勘察,标记田块边界、障碍物(如电线杆、树木)。确认玉米生育期(苗前封闭需播种后 3 天内,苗后定向需 3~5 叶期)。

第六项,安全防护:

a. 人员防护,操作人员穿戴手套、口罩、护目镜,避免接触药剂。

b. 应急准备清水和解毒剂(如发生药害可及时冲洗),备用无人机配件(如螺旋桨、喷头)及维修工具。

(2)作业设备点检

为保障植保作业高效、有序进行，防止因设备遗漏导致作业中断，特制作植保作业点检单，见表 2-6。这份点检单宛如作业前的“贴心助手”，能够辅助工作人员全面梳理并确认所需携带的各类设备。

表 2-6　植保作业点检单

班级：________　组号：________　组员姓名：______________________　日期：________

序号	项目	名称	单位	数量	是否携带	备注
1	植保机相关				□是□否	
					□是□否	
					□是□否	
					□是□否	
2	遥控器相关	遥控器	个		□是□否	
		RTK 高精度定位模块	个		□是□否	
		遥控器电池	块		□是□否	
3	配药工具	母液桶	个		□是□否	
		拌药工具	根		□是□否	
4	安全防护及配件	对讲机	个		□是□否	
		桨叶	套		□是□否	
		工具	套		□是□否	
		螺丝、螺母及其他配件	包		□是□否	
		口罩、手套	套		□是□否	

记录人员：________　　复核人员：________

（3）完成植保无人机飞防报告

植保无人机飞防报告包含作业时间、地点、作物等基础信息。报告中会详细阐述无人机参数、用药详情以及作业方案，如实记录飞行过程中的具体状况，并对防治效果、用药合理性及作业效率等成果进行综合评定，最终由相关人员签字确认，具体内容详见表 2-7。

表 2-7　植保无人机飞防报告

项目	内容
作业日期	
作业地点	
作业田作物	

续表

项目	内容
完成面积	
飞行参数	
用药量	
问题记录	

记录人员：________　　　　　　　　　　复核人员：__________

（4）植保无人机清理

植保无人机清理表的详细内容，可查看表 2-8。此表完整呈现了植保无人机清理的各项要点、操作流程以及相关注意事项，为规范、高效地开展无人机清理工作提供了清晰且实用的指引。

表 2-8　植保无人机每日清理表

系统设备	清理项目	日常维护内容	备注	完成情况
喷洒系统	药箱	除草剂易结晶堵塞喷头，作业后需立即用清水 + 中性洗涤剂清洗 3 遍	施药于敏感作物或其他药剂前需要彻底____________	□
	滤网	将药箱滤网及喷嘴拆除后进行清洁，确保无堵塞，然后再清水浸泡 12 h	使用软刷清理，切勿使用金属物体清理	□
	喷头		安装喷嘴时注意正确安装橡胶垫片与喷嘴定位环	□
动力系统	桨叶	用湿布擦拭桨叶，检查桨叶有无裂纹，再用干布抹干水渍	更换桨叶时__________	□
	桨夹	使用软刷或湿布清洁，再用干布擦干水渍	桨夹破损____________	□
	电机		若电机桨叶表面有沙尘、药液附着，建议用湿布清洁表面，再用干布抹干水渍	□
	电池	用棉签蘸酒精擦拭，存放电量：________	电池不防水，切勿用水直接冲洗或泡水冲洗	□

续表

系统设备	清理项目	日常维护内容	备注	完成情况
机身		用软毛刷或湿布清理机身，再用干布擦干水渍	切勿使用超过 0.7 MPa 高压水枪清洗机身	□
遥控器		用拧干的湿布清除表面灰尘与农药残留	清理遥控器散热口时，切勿将水溅入	□

记录人员：________　　　　复核人员：________

5. 控制（查漏补缺，质量检测）

（1）作业注意事项

____

____

____

（2）项目评分

表 2-9 详细罗列评分细则，通过打分形式全面评估对应项目情况。

表 2-9　项目评分表

班级：________　组号：________　组员姓名：________________　日期：________

序号	考评项目	考评要点	考评方法	应得分	实得分	问题说明
1	学习工作页	1. 书写工整，无错别字	每处错误扣 2 分	10		
		2. 按时完成，按时提交				
2	职业素养	1. 穿戴规范、整洁	违规一次扣 5 分	20		
		2. 团队协作				
		3. 独立完成作业				
		4. 考勤纪律 不迟到 / 早退 / 旷课				
3	农药配制	1. 禁用高毒农药	每项错误扣 2 分	10		
		2. 正确佩戴防护用具				
		3. 药剂桶专用				
		4. 掌握二次稀释法				
		5. 实操规范 （先配制母液后稀释）				

续表

序号	考评项目	考评要点	考评方法	应得分	实得分	问题说明
4	作业前准备	1. 遥控器检查	每项遗漏扣 4 分	20		
		2. 摇杆模式确认				
		3. 无人机结构检查（桨叶、喷头）				
		4. 指南针校准				
		5. 药箱排气				
5	作业模式	1. 航线规划合理	每项错误扣 5 分	25		
		2. 速度合适				
		3. 高度合适				
		4. 精准起停				
		5. 障碍物避让				
6	航线规划参数	1. 每公顷用量	参数错误扣 2.5 分	5		
		2. 喷幅匹配				
7	完成质量	1. 雾滴密度	每项不达标扣 5 分	10		
		2. 防治效果				
总分				100		

考评人签名：____________　　　　　　　　日期：______________

6. 评价（总结过程，任务评估）

（1）学生自评

借助表 2–10 学生自评表，团队完成复盘分析，进而拟定出相应的改进举措。

表 2–10　学生自评表

班级：________　组号：________　组员姓名：______________________________　日期：________

评价指标	评价要素	分数	分数评定
信息检索	1. 能有效利用网络资源、工作手册查找有效信息 2. 能清晰归纳并转化信息至实际工作	10	
感知工作	1. 明确自身岗位职责，认同工作价值 2. 能在任务执行中获得成就感	10	
团队协作	1. 师生保持平等、尊重的沟通 2. 主动分享信息，协作高效	20	

续表

评价指标	评价要素	分数	分数评定
学习方法	1. 平衡自主学习与合作学习 2. 能提出创新性问题或见解 3. 严格按规范操作	10	
工作过程	1. 遵守操作规程和考勤纪律 2. 每日任务完成度高 3. 能发现并提出关键问题	15	
思维状态	1. 具备从发现问题到解决问题的闭环能力 2. 提出创新性解决方案	10	
自评反馈	1. 按时保质提交成果 2. 专业知识掌握扎实 3. 分析报告逻辑严谨、表述清晰	25	
总分		100	
评价项目	内容记录		
有益经验	1. 团队分工明确，效率提升，______ 2. 创新性方法应用，______		
存在问题	1. 信息检索效率待提高，______ 2. 操作规范性不足，______		
改进措施	1. 加强______技能训练 2. 制定______标准化流程		

（2）团队互评

团队应借助表 2-11，依据既定评分标准，对工作过程展开全面客观互评，推动团队交流与共同进步。

表 2-11 团队互评表

班级：______ 组号：______ 组员姓名：______ 日期：______

评价指标	评价要素	分数	分数评定
信息检索	1. 能有效利用网络资源、工作手册并筛选有效信息 2. 能清晰归纳并准确表述知识要点 3. 能将理论信息转化为实操方案	15	
感知工作	1. 成员角色分工明确，职责清晰 2. 团队整体工作积极性高，成就感显著	10	

续表

评价指标	评价要素	分数	分数评定
参与状态	1. 师生沟通顺畅，相互尊重、理解，平等交流 2. 能主动分享关键信息，保持高效协作 3. 平衡团队合作与个人思考（无依赖现象）	25	
学习方法	1. 工作计划科学，操作符合标准流程 2. 体现持续发展潜力	15	
工作过程	1. 严格遵守安全规范和考勤纪律 2. 该组成员是否能完成植保任务，并善于多角度思考问题，能主动发现问题并提出有价值的建议和想法	20	
思维状态	从问题发现到解决形成完整闭环	5	
自评反馈	自评过程严谨，测试独立完成	10	
总分		100	
评价项目	**评价内容**		
突出优点	1. 信息转化能力突出，________________ 2. 创新方案有效，________________		
待改进点	1. 协作效率可提升，________________ 2. 操作规范性需加强，________________		
建议措施	1. 建议采用________________工具优化协作 2. 需增加________________专项训练		

（3）教师评分

教师将借助表 2-12，严格依据评分标准，对各小组任务工作过程进行全面深入总评，为小组后续改进给予精准指导。

表 2-12 教师评分表

班级：________ 组号：________ 组员姓名：________________ 日期：________

出勤与基础素养				
评价项目	**评分标准**	**分值**	**扣分说明**	**得分**
出勤情况	全勤（缺勤 1 次扣 2 分，迟到 / 早退 1 次扣 1 分）	5		
学习过程评价				
评价指标	**评价要素**	**分值**	**扣分标准**	**得分**
信息	1. 仪态自然，表达流畅 2. 逻辑清晰，分工明确	10	表达不清扣 1 分 / 项，分工模糊扣 2 分 / 项	

评价指标	评价要素	分值	扣分标准	得分
计划	1. 收集资料，制定任务规划单 2. 计划制订及清单清晰合理 3. 设备检查单完整 4. 设备点检单完整	10	资料缺失扣 2 分 / 项，规划不合理扣 3 分	
决策	制定最佳作业方案	9	参数错误扣 1 分 / 处	
实施	1. 参数记录完整（高度、速度、每公顷喷量） 2. 用药方案合规 3. 飞行日志详实	15		
	1. 无人机起降规范 2. 参数设置准确 3. 避障操作合规	20		
	1. 按二次稀释法规范操作 2. 安全防护到位	10		
	1. 药箱 / 喷头清洗彻底 2. 电池存放合规	10		
控制	明确作业方法的注意事项	5		
评价	互评分数折算（按 20% 比例）	3		
	自评分数折算（按 20% 比例）	3		
总分		100		
改进措施	1. 需加强__________操作训练 2. 建议优化__________流程			

教师签名：__________

7. 复盘

根据小组作业成果，小组讨论，分析待改进方面及预防措施。

____

____

____

学习情境二 大豆田除草

学 习 目 标

知识目标

1. 掌握大豆田常见杂草（如马唐、狗尾草、苘麻、苍耳等）的形态特征、生长习性及不同生育期的识别要点；
2. 了解各类除草剂（内吸性、触杀性等）的作用机理、适用阶段及使用注意事项；
3. 熟悉气候、土壤、大豆品种及施药方法等因素对除草效果的影响。

能力目标

1. 能根据杂草种类、密度及大豆生长阶段，精准选择除草剂并计算合理剂量；
2. 熟练使用无人机，确保施药均匀高效；
3. 结合田间实际情况，制订个性化除草计划，包括施药时间、方法及效果监测。

素质目标

1. 严格按规范操作，确保施药安全有效；
2. 注重绿色防控，减少对环境的负面影响；
3. 在集体作业中高效沟通，协同完成任务。

知 识 背 景

1. 除草剂可能存在的危害

1）环境污染

如果除草剂使用不当，如过量喷洒或在风力较大时作业，除草剂可能会飘散到周围的非目标区域，进而污染土壤、水体和空气。长期积累可能会影响土壤微生物群落结构，降低土壤肥力，还可能对地表水和地下水造成污染，影响周边生态环境。

2）作物药害

无人机喷施除草剂时，如果药剂浓度过高、喷施量过大或喷施时间不当，可能会对大豆产生药害。药害表现为大豆叶片出现斑点、卷曲、枯黄，生长受到抑制，严重时可能导致大豆减产甚至绝收。

3）有益生物受损

除草剂可能会对大豆田中的有益昆虫、鸟类、蚯蚓等生物产生毒害作用。例如，蜜蜂等传粉昆虫接触到除草剂后，可能会影响其繁殖和生存，进而影响到大豆的授粉结实；蚯蚓等土壤生物的活动受到抑制，会影响土壤的通气性和养分循环。

2. 除草剂危害防治措施

1）准确识别杂草

在喷施除草剂前，要准确识别大豆田中的杂草种类和生长状态，根据杂草的种类和密度选择合适的除草剂品种和剂量，避免盲目用药。

2）科学规划航线

利用无人机的定位系统和相关软件，根据大豆田的形状、面积和杂草分布情况，合理规划飞行航线，确保除草剂均匀喷施，避免漏喷或重喷。同时，要根据地形、风向等因素调整飞行高度和速度，一般飞行高度在 1~3 m，飞行速度在 3~5 m/s，以保证除草剂的喷施效果和安全性。

3. 严格遵守使用规范

1）选择合适的药剂和剂型

根据大豆的品种、生长阶段以及杂草种类，选择安全、高效、低毒的除草剂品种和合适的剂型。例如，对于禾本科杂草为主的大豆田，可以选择精喹禾灵等药剂；对于阔叶杂草较多的田块，可以选用氟磺胺草醚等。尽量选择水剂、悬浮剂等环境友好型剂型，减少乳油等剂型药剂对环境的污染。

2）控制用药量和浓度

严格按照除草剂的使用说明和推荐剂量进行配制和喷施，不得随意增加用药量和浓度。在配制除草剂时，要使用精准的量具，确保药剂浓度准确无误。

3）选择适宜的喷施时间

根据大豆和杂草的生长规律，选择最佳的喷施时间。一般来说，在大豆 2~3 片复叶期，杂草 3~5 叶期时喷施除草剂效果较好，此时杂草对药剂的吸收能力较强，同时大豆对除草剂的耐药性也相对较高，可有效降低药害发生的风险。此外，要选择无风或微风的天气进行喷施，避免在高温、强光时段作业，防止除草剂蒸发过快影响药效或对大豆造成药害。

4. 加强监测和保护

1）环境监测

在使用无人机喷施除草剂后，要定期对大豆田及周边环境进行监测，观察土壤、水体、空气等是否受到污染，及时发现问题并采取相应的措施。如果发现土壤中除草剂残留量过高，可以通过深耕、灌水等方式促进药剂分解和淋溶。

2）保护有益生物

在大豆田周围保留一些植被带或生态缓冲带，为有益昆虫、鸟类等提供栖息和繁殖场所。可以在田边设置一些人工鸟巢、蜂箱等，吸引有益生物前来栖息，增加农田生态系统的生物多样性，提高生态系统的稳定性和自我调节能力。

3）药害补救

如果发现大豆出现药害，应及时采取补救措施。对于轻度药害，可以通过喷施叶面肥

（如磷酸二氢钾等）、植物生长调节剂（如芸苔素内酯等）等促进大豆生长，缓解药害症状；对于重度药害，要及时补种或改种其他作物，以减少损失。

学 习 任 务

1. 信息（创设情境，提供资讯）

（1）工作情境描述

唐先生是一位经验丰富的大豆种植户，但近期高温多雨天气导致田间杂草（马唐、狗尾草、苍耳、苘麻等）疯长，与大豆争夺养分和光照，严重影响产量。人工除草效率低，无法控制草害蔓延。唐先生委托 A 植保团队提供专业除草服务，利用无人机喷洒除草剂高效解决杂草问题。

（2）填写任务委托书

在完成本学习情境的学习后，请查阅相关资料或查询更多相关信息，以执行本次飞防任务。飞防任务委托书详见表 2-13。

表 2-13　飞防任务委托书

委托方	
联系方式	
受托方	
项目负责人	
作业内容	
作业要求	
现场勘察与条件确认	
条件确认后作业要求	
双方责任	

委托方签字：＿＿＿＿＿＿　　受托方签字：＿＿＿＿＿＿

日期：　　日期：

注：本任务单一式两份，作业方与客户各执一份，作为作业凭证。

（3）任务分组

请依据表 2–14 任务分组表，明确小组内部各成员在对应情境中的角色。

表 2–14　任务分组表

班级			组号	
指导教师			组长	
组长职责	负责整体协调把控进度			
任务分工	人员数量	人员姓名	主要职责	
飞手（操作岗）				
地勤保障（辅助岗）				
数据记录（技术岗）				
安全监督（管理岗）				
工作流程				
晨会				
检查				
作业				
总结				
组长签字		日期		
指导教师签字		日期		

（4）问题引导

问题 1：大豆田除草前的环境勘察要点是什么？

问题 2：大豆除草剂精准选择策略是什么？

问题 3: 植保设备安全操作规范是什么?

____

____

____

2. 工作计划(分析任务,制订计划)

按照收集的资料,制订飞防计划,计划包括完成植保方案设计,并填写植保作业设备检查单。

(1)植保方案设计

综合考量大豆田的种植品种、当前所处生长时期,以及杂草的滋生范围、种类构成和蔓延趋势等要素,拟定科学有效的大豆田除草方案。方案具体包含精准筛选适配的除草剂类型,依据大豆生长状况与杂草抗性科学设定药剂浓度,结合气候条件和杂草生长规律精准把握施药时机,以及确定高效且安全的除草剂喷洒方式,植保方案设计详细信息见表 2-15。

表 2-15 植保方案设计

基础信息		
项目	**勘察要点**	
大豆品种		
生育阶段		
杂草图谱		
草害等级		
环境参数		
设备与物资准备		
类别	**内容**	**详细要求**
无人机型号		
电池		
配件		
维修工具		
通信工具		
配药工具		
防护设备		
转场设备		
发电机		

续表

人员安排		
角色	**人数**	**职责**
飞手		
地勤人员		
作业方案		
药剂选择		
喷洒参数		
环境约束		
应急处理		
签字确认		
角色	**签字**	**日期**
填写人员		
检查人员		

（2）植保作业设备检查

请严格依照上述基础信息，准备好相应的农药与设备。补充填写表 2-16 中检查标准及方法，依据植保作业设备检查单的具体内容，对设备状态展开全面、细致的检查，确保设备处于最佳工作状态。

表 2-16　植保作业设备检查单

班级：________　组号：________　组员姓名：____________________　日期：________

系统设备	检查项目	检查标准及方法	结果	责任人
喷洒系统	药箱		□	
			□	
			□	
	★水泵		□	
	★喷头		□	
			□	
			□	
	水管		□	
	流量计		□	

<table>
<tr><th>系统设备</th><th>检查项目</th><th>检查标准及方法</th><th>结果</th><th>责任人</th></tr>
<tr><td rowspan="5">★动力系统</td><td>桨叶</td><td></td><td>□</td><td></td></tr>
<tr><td rowspan="2">电机</td><td></td><td>□</td><td></td></tr>
<tr><td></td><td>□</td><td></td></tr>
<tr><td>电池</td><td></td><td>□</td><td></td></tr>
<tr><td>电调</td><td></td><td>□</td><td></td></tr>
<tr><td colspan="2" rowspan="6">机身</td><td></td><td>□</td><td></td></tr>
<tr><td></td><td>□</td><td></td></tr>
<tr><td></td><td>□</td><td></td></tr>
<tr><td></td><td>□</td><td></td></tr>
<tr><td></td><td>□</td><td></td></tr>
<tr><td></td><td>□</td><td></td></tr>
<tr><td colspan="2" rowspan="2">★遥控器</td><td></td><td>□</td><td></td></tr>
<tr><td></td><td>□</td><td></td></tr>
</table>

注：所有项目需现场检查并打钩“√”，异常项用“△”标注并填写设备异常记录，带★项目为关键安全项，不合格禁止起飞。

检查人：________　复核人：________　异常处理：________________

请正确检查设备是否正常，如发现问题填写设备异常记录。

基础信息：________________________________

异常详情：________________________________

初步诊断：________________________________

处理流程：________________________________

3. 决策（集思广益，作出决定）

决策 1：各组派代表阐述作业方案。

____

____

____

决策 2：各组对其他组的作业方案从不同角度提出看法。

____

____

____

决策 3: 教师结合学生完成情况进行点评,选出最佳方案。

____

____

____

4. 实施(分工合作,沟通交流)

(1)作业前准备

第一项,田块勘察:

在使用无人机喷施除草剂前,需对大豆田进行全面勘察,记录田块的形状、面积、边界位置以及周边环境,如是否临近河流、居民区、其他农作物种植区等。

仔细观察大豆的生长状况,包括大豆的品种、生育期、植株密度和健康程度等。同时,准确识别田间杂草的种类、分布范围、生长阶段和密度,以此作为选择除草剂种类和确定用药量的重要依据。

第二项,无人机检查与调试:

①外观检查。对无人机的外观进行全面检查。确保机体无损坏、变形,机翼、螺旋桨等部件安装牢固,无松动、磨损或裂缝。检查机臂的折叠与展开功能是否正常。

②动力系统检查。查看电池电量是否充足,电池外观有无鼓包、漏液等异常情况。检查电机运转是否平稳,有无卡顿、异常噪声,螺旋桨在旋转过程中是否有摆动现象。

③飞行系统检查。开启无人机,检查 GPS 信号是否稳定,卫星数量是否满足飞行要求。校准指南针,确保无人机飞行方向的准确性。测试遥控器与无人机之间的通信连接是否正常,信号传输稳定,无中断或延迟。

④喷洒系统检查。检查药箱是否清洁、无破损、无渗漏,药箱盖密封良好。查看喷头是否堵塞、损坏,喷头的喷雾角度和雾化效果是否符合要求。通过手动调试或模拟飞行,检查水泵工作是否正常,能否正常抽取和输送药剂,且流量稳定。

第三项,气象条件评估:

选择适宜的气象条件进行作业,避免在恶劣天气下使用无人机喷施除草剂。作业时风速应小于 3 级(风速小于 5.4 m/s),以防止药剂飘散,影响药效并对周边环境造成污染。

气温应在 15~30 ℃之间,温度过低可能导致药剂活性降低,影响除草效果;温度过高则可能使药剂蒸发过快,引起作物药害,同时也会对无人机的电池性能和飞行稳定性产生不利影响。

相对湿度宜保持在 40%~80%,湿度太低,药剂容易挥发;湿度过高,药剂在叶片表面不易干燥,可能会影响药剂的吸收和传导。避免在降雨前后 24 h 内进行作业,防止药剂被雨水冲刷,降低药效。

第四项,人员培训与防护:

操作人员必须经过专业培训,熟悉无人机的操作方法、性能特点以及除草剂的使用知识,掌握无人机的起飞、降落、飞行姿态控制、航线规划和紧急情况处理等技能。

在作业过程中,操作人员应穿戴防护服、防护手套、口罩、护目镜等个人防护装备,防止皮肤接触和吸入除草剂，保障自身安全。

（2）作业设备点检

为保障植保作业高效、有序进行，防止因设备遗漏导致作业中断，特制作植保作业点检单，见表 2–17。这份点检单宛如作业前的“贴心助手”，能够辅助工作人员全面梳理并确认所需携带的各类设备。

表 2–17　植保作业点检单

班级：________　组号：________　组员姓名：________________　日期：________

序号	项目	名称	单位	数量	是否携带	备注
1	植保机相关				□是□否	
					□是□否	
					□是□否	
					□是□否	
2	遥控器相关				□是□否	
					□是□否	
					□是□否	
3	配药工具				□是□否	
					□是□否	
4	安全防护及配件				□是□否	
					□是□否	
					□是□否	
					□是□否	
					□是□否	

记录人员：________　复核人员：________

（3）完成植保无人机飞防报告

植保无人机飞防报告包含作业时间、地点、作物等基础信息。报告中会详细阐述无人机参数、用药详情以及作业方案，如实记录飞行过程中的具体状况，并对防治效果、用药合理性及作业效率等成果进行综合评定，最终由相关人员签字确认，具体内容详见表 2–18。

表 2–18　植保无人机飞防报告

项目	内容
作业日期	
作业地点	
作业田作物	

续表

项目	内容
完成面积	
飞行参数	
用药量	
问题记录	

记录人员：________　　　　　　　　　　复核人员：__________

（4）植保无人机清理

植保无人机清理表的详细内容，可查看表 2-19。此表完整呈现了植保无人机清理的各项要点、操作流程以及相关注意事项，为规范、高效地开展无人机清理工作提供了清晰且实用的指引。

表 2-19　植保无人机每日清理表

系统设备	清理项目	日常维护内容	备注	完成情况
喷洒系统	药箱	除草剂易结晶堵塞喷头，作业后需立即用清水 + 中性洗涤剂清洗 3 遍	施药于敏感作物或其他药剂前需要彻底________________	□
	滤网	将药箱滤网及喷嘴拆除后进行清洁，确保无堵塞，然后再清水浸泡 12 h	使用软刷清理，切勿使用金属物体清理	□
	喷头		安装喷嘴时注意正确安装橡胶垫片与喷嘴定位环	□
动力系统	桨叶	用湿布擦拭桨叶，检查桨叶有无裂纹，再用干布抹干水渍	更换桨叶时____________	□
	桨夹	使用软刷或湿布清洁，再用干布擦干水渍	桨夹破损____________	□
	电机		若电机桨叶表面有沙尘、药液附着，建议用湿布清洁表面，再用干布抹干水渍	□
	电池	用棉签蘸酒精擦拭，存放电量：____________	电池不防水，切勿用水直接冲洗或泡水冲洗	□

续表

系统设备	清理项目	日常维护内容	备注	完成情况
机身		用软毛刷或湿布清理机身，再用干布擦干水渍	切勿使用超过 0.7 MPa 高压水枪清洗机身	□
遥控器		用拧干的湿布清除表面灰尘与农药残留	清理遥控器散热口时，切勿将水溅入	□

记录人员：________ 复核人员：________

5. 控制（查漏补缺，质量检测）

（1）作业注意事项

____

____

____

（2）项目评分

表 2-20 详细罗列评分细则，通过打分形式全面评估对应项目情况。

表 2-20 项目评分表

班级：________ 组号：________ 组员姓名：____________________ 日期：________

序号	考评项目	考评要点	考评方法	应得分	实得分	问题说明
1	学习工作页	1. 书写工整，无错别字	每处错误扣 2 分	10		
		2. 按时完成，按时提交				
2	职业素养	1. 穿戴规范、整洁	违规一次扣 5 分	20		
		2. 团队协作				
		3. 独立完成作业				
		4. 考勤纪律 不迟到 / 早退 / 旷课				
3	农药配制	1. 禁用高毒农药	每项错误扣 2 分	10		
		2. 正确佩戴防护用具				
		3. 药剂桶专用				
		4. 掌握二次稀释法				
		5. 实操规范 （先配制母液后稀释）				

续表

序号	考评项目	考评要点	考评方法	应得分	实得分	问题说明
4	作业前准备	1. 遥控器检查	遗漏一项扣 4 分	20		
		2. 摇杆模式确认				
		3. 无人机结构检查（桨叶、喷头）				
		4. 指南针校准				
		5. 药箱排气				
5	作业模式	1. 航线规划合理	每项错误扣 5 分	25		
		2. 速度合适				
		3. 高度合适				
		4. 精准起停				
		5. 障碍物避让				
6	航线规划参数	1. 每公顷用量	参数错误一个扣 2.5 分	5		
		2. 喷幅匹配				
7	完成质量	1. 雾滴密度	每项不达标扣 5 分	10		
		2. 防治效果				
总分				100		

考评人签名：____________　　　　　　　日期：____________

6. 评价（总结过程，任务评估）

（1）学生自评

借助表 2–21，团队完成复盘分析，进而拟定出相应的改进举措。

表 2–21　学生自评表

班级：________　组号：________　组员姓名：____________________　日期：________

评价指标	评价要素	分数	分数评定
信息检索	1. 能有效利用网络资源、工作手册查找有效信息 2. 能清晰归纳并转化信息至实际工作	10	
感知工作	1. 明确自身岗位职责，认同工作价值 2. 能在任务执行中获得成就感	10	
团队协作	1. 师生保持平等、尊重的沟通 2. 主动分享信息，协作高效	20	

续表

评价指标	评价要素	分数	分数评定
学习方法	1. 平衡自主学习与合作学习 2. 能提出创新性问题或见解 3. 严格按规范操作	10	
工作过程	1. 遵守操作规程和考勤纪律 2. 每日任务完成度高 3. 能发现并提出关键问题	15	
思维状态	1. 具备从发现问题到解决问题的闭环能力 2. 提出创新性解决方案	10	
自评反馈	1. 按时保质提交成果 2. 专业知识掌握扎实 3. 分析报告逻辑严谨、表述清晰	25	
总分		100	
评价项目	内容记录		
有益经验	1. 团队分工明确，效率提升，________________ 2. 创新性方法应用，________________		
存在问题	1. 信息检索效率待提高，________________ 2. 操作规范性不足，________________		
改进措施	1. 加强________________技能训练 2. 制定________________标准化流程		

（2）团队互评

团队应借助表 2–22，依据既定评分标准，对工作过程展开全面客观互评，推动团队交流与共同进步。

表 2–22 团队互评表

班级：________ 组号：________ 组员姓名：________________ 日期：________

评价指标	评价要素	分数	分数评定
信息检索	1. 能有效利用网络资源、工作手册并筛选有效信息 2. 能清晰归纳并准确表述知识要点 3. 能将理论信息转化为实操方案	15	
感知工作	1. 成员角色分工明确，职责清晰 2. 团队整体工作积极性高，成就感显著	10	
参与状态	1. 师生沟通顺畅，相互尊重、理解，平等交流 2. 能主动分享关键信息，保持高效协作 3. 平衡团队合作与个人思考（无依赖现象）	25	

续表

评价指标	评价要素	分数	分数评定
学习方法	1. 工作计划科学，操作符合标准流程 2. 体现持续发展潜力	15	
工作过程	1. 严格遵守安全规范和考勤纪律 2. 该组成员是否能完成植保任务，并善于多角度思考问题，能主动发现问题并提出有价值的建议和想法	20	
思维状态	从问题发现到解决形成完整闭环	5	
自评反馈	自评过程严谨，测试独立完成	10	
总分		100	
评价项目	**评价内容**		
突出优点	1. 信息转化能力突出，________________ 2. 创新方案有效，________________		
待改进点	1. 协作效率可提升，________________ 2. 操作规范性需加强，________________		
建议措施	1. 建议采用________________工具优化协作 2. 需增加________________专项训练		

（3）教师评分

教师将借助表 2–23，严格依据评分标准，对各小组任务工作过程进行全面深入总评，为小组后续改进给予精准指导。

表 2–23　教师评分表

班级：________　　组号：________　　组员姓名：________________________　　日期：________

出勤与基础素养				
评价项目	**评分标准**	**分值**	**扣分说明**	**得分**
出勤情况	全勤（缺勤 1 次扣 2 分，迟到 / 早退 1 次扣 1 分）	5		
学习过程评价				
评价指标	**评价要素**	**分值**	**扣分标准**	**得分**
信息	1. 仪态自然，表达流畅 2. 逻辑清晰，分工明确	10	表达不清扣 1 分 / 项，分工模糊扣 2 分 / 项	
计划	1. 收集资料，制定任务规划单 2. 计划制订及清单清晰合理 3. 设备检查单完整 4. 设备点检单完整	10	资料缺失扣 2 分 / 项，规划不合理扣 3 分	
决策	制定最佳作业方案	9	参数错误扣 1 分 / 处	

续表

评价指标	评价要素	分值	扣分标准	得分
实施	1. 参数记录完整（高度、速度、每公顷喷量） 2. 用药方案合规 3. 飞行日志详实	15		
	1. 无人机起降规范 2. 参数设置准确 3. 避障操作合规	20		
	1. 按二次稀释法规范操作 2. 安全防护到位	10		
	1. 药箱 / 喷头清洗彻底 2. 电池存放合规	10		
控制	明确作业方法的注意事项	5		
评价	互评分数折算（按 20% 比例）	3		
	自评分数折算（按 20% 比例）	3		
总分		100		
改进措施	1. 需加强__________操作训练 2. 建议优化__________流程			

教师签名：__________

7. 复盘

根据小组作业成果，小组讨论，分析待改进方面及预防措施。

____

____

____

学习情境三 水稻田除草

学习目标

知识目标

1. 了解水稻田常用除草剂，区分选择性（针对稗草等）与非选择性除草剂的作用原理，了解化学、有机除草剂在水稻田的应用特点；

2. 掌握各类除草剂在水稻秧苗、分蘖、孕穗等阶段的使用方法，明确不同地形、种植模式下的除草剂适用范围；

3. 熟悉水稻田环境下除草剂的储存要求，掌握药剂混合原则与稀释方法。

能力目标

1. 熟练操作无人机喷洒系统，依据水稻与杂草情况调整喷雾压力等参数；

2. 掌握水稻田喷洒技巧，精准控制角度、高度与速度，确保均匀覆盖、有效除草；

3. 快速识别水稻品种与常见杂草，据此选择除草剂并正确使用。

素质目标

1. 树立安全意识，了解除草剂危害，规范穿戴防护服等装备，并做好环境保护。

2. 具备观察判断能力，根据稻、草生长状况，合理调整用药剂量与频率。

3. 有团队合作能力，与农机手等协同制订除草计划，保障作业高效进行。

知识背景

在全国范围内，水稻田杂草种类繁多，经统计有 200 余种。其中，常见且危害严重的杂草约 40 余种。在这些主要杂草里，稗草的发生与危害面积最大，达到 1400 万公顷，约占水稻田总面积的 43%。除稗草外，异型莎草、鸭舌草、千金子、眼子菜、野慈姑等也是常见的水稻田杂草。

除草作业主要分为封闭除草和茎叶除草两个环节。封闭除草一般在播种前后开展，其作用是大幅降低杂草的萌发基数，为后续除草工作减轻压力。完成封闭除草后，需依据杂草的实际生长状况，适时开展茎叶除草。

化学除草是目前水稻田除草最为有效的方式。以水稻直播田为例，通常采用“一封二杀三补”的除草策略。

“一封”：在水稻播种后至出苗前，利用杂草种子与水稻种子在土壤中的位置差异，针对杂草基数较高的田块，选用杀草谱广、土壤封闭效果优良的除草剂或配方，以此全力控制第一个杂草高峰的出现。

“二杀”：在水稻长至3叶期，杂草处于2~3叶期前后进行除草作业。此时除草，既能有效防除前期残留的大量杂草，又能很好地控制第二个杂草高峰出现。

“三补”：在播种后的30~35天，有针对性地挑选除草剂，对之前未除净的杂草进行补杀。

面对杂草抗性上升以及杂草发生面积大的问题，先进行封闭除草，再开展茎叶除草是较为可行的办法。在这个过程中，“封”的效果尤为关键。理想的封闭药剂需具备安全、除草效果好、持效期长等特点。

学 习 任 务

1. 信息（创设情境，提供资讯）

（1）工作情境描述

唐先生委托A植保团队进行水稻田的茎叶除草工作。作业时，需选用适配的除草剂，精准地对作物的茎叶部位实施喷洒操作。通过这种方式，阻断杂草的光合作用与养分传输，有效抑制杂草生长，保障水稻在无杂草竞争的环境下茁壮成长，确保农田的良好生态与作物的健康发育。

（2）填写任务书

在完成本学习情境的学习后，请查阅相关资料或查询更多相关信息，以执行本次飞防任务。飞防任务委托书详见表2–24。

表2–24　飞防任务委托书

委托方	
联系方式	
受托方	
项目负责人	
作业内容	
作业要求	
现场勘察与条件确认	

续表

条件确认后作业要求	
双方责任	

委托方签字：______________　　　　　受托方签字：____________

日期：　　　　　　　　　　　　　　　　日期：

注：本任务单一式两份，作业方与客户各执一份，作为作业凭证。

（3）任务分组

请依据表 2–25 任务分组表，明确小组内部各成员在对应情境中的角色。

表 2–25　任务分组表

<table>
<tr><td>班级</td><td colspan="2"></td><td>组号</td><td></td></tr>
<tr><td>指导教师</td><td colspan="2"></td><td>组长</td><td></td></tr>
<tr><td>组长职责</td><td colspan="4">负责整体协调把控进度</td></tr>
<tr><td>任务分工</td><td>人员数量</td><td>人员姓名</td><td colspan="2">主要职责</td></tr>
<tr><td>飞手（操作岗）</td><td></td><td></td><td colspan="2"></td></tr>
<tr><td>地勤保障（辅助岗）</td><td></td><td></td><td colspan="2"></td></tr>
<tr><td>数据记录（技术岗）</td><td></td><td></td><td colspan="2"></td></tr>
<tr><td>安全监督（管理岗）</td><td></td><td></td><td colspan="2"></td></tr>
<tr><td colspan="5">工作流程</td></tr>
<tr><td>晨会</td><td colspan="4"></td></tr>
<tr><td>检查</td><td colspan="4"></td></tr>
<tr><td>作业</td><td colspan="4"></td></tr>
<tr><td>总结</td><td colspan="4"></td></tr>
<tr><td>组长签字</td><td colspan="2"></td><td>日期</td><td></td></tr>
<tr><td>指导教师签字</td><td colspan="2"></td><td>日期</td><td></td></tr>
</table>

（4）问题引导

问题 1: 在运用植保无人机执行水稻除草任务时，若遭遇 RTK 信号差的状况，具体该采取哪些措施来处理？

____

____

____

问题 2: 用于水稻田除草的植保无人机，其常见的校准操作涵盖哪些方面？

____

____

____

问题 3: 在水稻田除草作业前，植保无人机的作业规划与准备工作应如何有条不紊地开展？

____

____

____

问题 4: 在水稻田除草作业进程中，若植保无人机的电池突发短路状况，可能是由哪些因素引发的？

____

____

____

问题 5: 在长期用于水稻田除草作业的过程中，植保无人机通常会出现哪些常见故障？

____

____

____

问题 6: 对于喷头的流量调节、喷洒角度调整等操作，怎样结合不同除草剂特性与水稻田实际需求精准执行，从而实现高效、均匀且安全的喷洒效果？

____

____

____

问题 7: 对于剩余的除草剂，如何按照环保要求妥善储存或处理；另外，针对本次作业的飞行数据、喷洒参数等信息，应如何规范记录与整理，以便后续分析作业效果、优化作业流程，为下一次水稻除草作业提供参考依据？

____

____

____

2. 工作计划（分析任务，制订计划）

按照收集的资料，确定作业范围和目标，包括决定需要控制的杂草种类和数量，检查喷洒设备和喷洒器具的工作状态，并确保其正常运行和适合作业需求，准备好适量的除草剂，确保按照厂家建议的浓度和使用剂量喷洒。

（1）植保方案设计

依据水稻生长状况与杂草抗性科学设定药剂浓度，结合气候条件和杂草生长规律精准把握施药时机，以及确定高效且安全的除草剂喷洒方式。植保方案设计详细信息见表 2–26。

表 2–26　植保方案设计

基础信息		
名称	**填写内容**	**备注**
作业田作物		
防治对象		
作业地点		
作业面积		
作业完成时间		
设备与物资准备		
类别	**内容**	**详细要求**
无人机型号		
电池		
配件		
维修工具		
通信工具		
配药工具		
防护设备		
转场设备		
发电机		
人员安排		
角色	**人数**	**职责**
飞手		
地勤人员		

续表

<table>
<tr><th colspan="3">作业方案</th></tr>
<tr><td>药剂选择</td><td colspan="2"></td></tr>
<tr><td>喷洒参数</td><td colspan="2"></td></tr>
<tr><td>环境约束</td><td colspan="2"></td></tr>
<tr><td>应急处理</td><td colspan="2"></td></tr>
<tr><th colspan="3">签字确认</th></tr>
<tr><th>角色</th><th>签字</th><th>日期</th></tr>
<tr><td>填写人员</td><td></td><td></td></tr>
<tr><td>检查人员</td><td></td><td></td></tr>
</table>

（2）植保作业设备检查

请严格依照上述方案，准备好相应的农药与设备。补充填写表 2–27 中检查标准及方法，依据植保作业设备检查单的具体内容，对设备状态展开全面、细致的检查，确保设备处于最佳工作状态。

表 2–27　植保作业设备检查单

班级：________　组号：________　组员姓名：______________________　日期：________

<table>
<tr><th>系统</th><th>检查项目</th><th>检查标准及方法</th><th>结果</th><th>责任人</th></tr>
<tr><td rowspan="9">喷洒系统</td><td rowspan="3">药箱</td><td></td><td>□</td><td></td></tr>
<tr><td></td><td>□</td><td></td></tr>
<tr><td></td><td>□</td><td></td></tr>
<tr><td>★水泵</td><td></td><td>□</td><td></td></tr>
<tr><td rowspan="3">★喷头</td><td></td><td>□</td><td></td></tr>
<tr><td></td><td>□</td><td></td></tr>
<tr><td></td><td>□</td><td></td></tr>
<tr><td>水管</td><td></td><td>□</td><td></td></tr>
<tr><td>流量计</td><td></td><td>□</td><td></td></tr>
<tr><td rowspan="5">★动力系统</td><td>桨叶</td><td></td><td>□</td><td></td></tr>
<tr><td rowspan="2">电机</td><td></td><td>□</td><td></td></tr>
<tr><td></td><td>□</td><td></td></tr>
<tr><td>电池</td><td></td><td>□</td><td></td></tr>
<tr><td>电调</td><td></td><td>□</td><td></td></tr>
</table>

系统	检查项目	检查标准及方法	结果	责任人
机身			□	
			□	
			□	
			□	
			□	
			□	
★遥控器			□	
			□	

注：所有项目需现场检查并打钩（√），异常项用“△”标注并填写设备异常记录，带★项目为关键安全项，不合格禁止起飞。

检查人：________　　复核人：________　　异常处理：________________

请正确检查设备是否正常，如发现问题填写设备异常记录。

基础信息：____________________

异常详情：____________________

初步诊断：____________________

处理流程：____________________

3. 决策（集思广益，作出决定）

决策 1：各组派代表阐述作业方案。

____

____

____

决策 2：各组对其他组的作业方案从不同角度提出看法。

____

____

____

决策 3：教师结合学生完成情况进行点评，选出最佳方案。

____

____

____

4. 实施（分工合作，沟通交流）

（1）植保作业的准备工作

第一项，遥控器检查：

a. 确保遥控器电量≥ 80%，低电量可能导致信号中断；

b. 天线无弯曲或破损，确保信号传输稳定；

c. 屏幕无裂痕、显示无异常（如花屏、闪烁）；

d. 推动摇杆后能自动回中，无卡滞现象。

第二项，植保机检查：

a. 桨叶无裂纹、变形，螺丝紧固无松动；

b. 电池卡扣牢固，插头无氧化或松动；

c. 状态指示灯开机后自检无报错。

第三项，指南针校准：

a. 选择开阔场地（半径 10 m 内无金属物体），远离高压线、铁栅栏等干扰源；

b. 通过 App 触发校准，水平旋转 360°后再垂直旋转 360°至提示成功。

第四项，起飞前排气：

药箱加清水至 1/3 容量，启动水泵连续喷水 10 s。观察喷头水流是否稳定无气泡，确保管路无空气残留。

第五项，物资准备：

检查装载药剂。

第六项，田间勘察：

a. 标记障碍物（如电线杆、树木）；

b. 确定起降地点。

（2）作业设备点检

为保障植保作业高效、有序进行，防止因设备遗漏导致作业中断，特制作植保作业点检单，见表 2-28。这份点检单宛如作业前的“贴心助手”，能够辅助工作人员全面梳理并确认所需携带的各类设备。

表 2-28　植保作业点检单

班级：________　组号：________　组员姓名：________________________　日期：________

序号	项目	名称	单位	数量	是否携带	备注
1	植保机相关				□是□否	
					□是□否	
					□是□否	
					□是□否	
2	遥控器相关				□是□否	
					□是□否	
					□是□否	
3	配药工具				□是□否	
					□是□否	

续表

序号	项目	名称	单位	数量	是否携带	备注
4	安全防护及配件				□是□否	
					□是□否	
					□是□否	
					□是□否	
					□是□否	

记录人员：________　　　　　　　　　　复核人员：________

（3）完成植保无人机飞防报告

植保无人机飞防报告包含作业时间、地点、作物等基础信息。报告中会详细阐述无人机参数、用药详情以及作业方案，如实记录飞行过程中的具体状况，并对防治效果、用药合理性及作业效率等成果进行综合评定，最终由相关人员签字确认，具体内容详见表2–29。

表2–29　植保无人机飞防报告

项目	内容
作业日期	
作业地点	
作业田作物	
完成面积	
飞行参数	
用药量	
问题记录	

记录人员：________　　　　　　　　　　复核人员：__________

（4）植保无人机清理

植保无人机清理表的详细内容，可查看表2–30。此表完整呈现了植保无人机清理的各项要点、操作流程以及相关注意事项，为规范、高效地开展无人机清理工作提供了清晰且实用的指引。

表 2-30　植保无人机每日清理表

系统设备	清理项目	日常维护内容	备注	完成情况
喷洒系统	药箱	除草剂易结晶堵塞喷头，作业后需立即用清水＋中性洗涤剂清洗 3 遍	施药于敏感作物或其他药剂前需要彻底	□
	滤网	将药箱滤网及喷嘴拆除后进行清洁，确保无堵塞，然后再清水浸泡 12 h	使用软刷清理，切勿使用金属物体清理	□
	喷头		安装喷嘴时注意正确安装橡胶垫片与喷嘴定位环	□
动力系统	桨叶	用湿布擦拭桨叶，检查桨叶有无裂纹，再用干布抹干水渍	更换桨叶时________	□
	桨夹	使用软刷或湿布清洁，再用干布擦干水渍	桨夹破损________	□
	电机		若电机桨叶表面有沙尘、药液附着，建议用湿布清洁表面，再用干布抹干水渍	□
	电池	用棉签蘸酒精擦拭，存放电量：________	电池不防水，切勿用水直接冲洗或泡水冲洗	□
机身		用软毛刷或湿布清理机身，再用干布擦干水渍	切勿使用超过 0.7 MPa 高压水枪清洗机身	□
遥控器		用拧干的湿布清除表面灰尘与农药残留	清理遥控器散热口时，切勿将水溅入	□

记录人员：________　　　　　　　　复核人员：________

5. 控制（查漏补缺，质量检测）

（1）作业注意事项

____

____

____

（2）项目评分

表 2-31 详细罗列评分细则，通过打分形式全面评估对应项目情况。

表 2-31　项目评分表

班级：________　组号：________　组员姓名：________________　日期：________

序号	考评项目	考评要点	考评方法	应得分	实得分	问题说明
1	学习工作页	1. 书写工整，无错别字 2. 按时完成，按时提交	每处错误扣 2 分	10		

续表

序号	考评项目	考评要点	考评方法	应得分	实得分	问题说明
2	职业素养	1. 穿戴规范、整洁	违规一次扣5分	20		
		2. 团队协作				
		3. 独立完成作业				
		4. 考勤纪律 不迟到 / 早退 / 旷课				
3	农药配制	1. 禁用高毒农药	每项错误扣2分	10		
		2. 正确佩戴防护用具				
		3. 药剂桶专用				
		4. 掌握二次稀释法				
		5. 实操规范 （先配制母液后稀释）				
4	作业前准备	1. 遥控器检查	遗漏一项扣4分	20		
		2. 摇杆模式确认				
		3. 无人机结构检查 （桨叶、喷头）				
		4. 指南针校准				
		5. 药箱排气				
5	作业模式	1. 航线规划合理	每项错误扣5分	25		
		2. 速度合适				
		3. 高度合适				
		4. 精准起停				
		5. 障碍物避让				
6	航线规划参数	1. 每公顷用量	参数错误一个扣2.5分	5		
		2. 喷幅匹配				
7	完成质量	1. 雾滴密度	每项不达标扣5分	10		
		2. 防治效果				
总分				100		

考评人签名：____________　　　　　　日期：______________

6. 评价（总结过程，任务评估）

（1）学生自评

借助表 2–32，团队完成复盘分析，进而拟定出相应的改进举措。

表 2–32　学生自评表

班级：________　组号：________　组员姓名：______________________________　日期：________

评价指标	评价要素	分数	分数评定
信息检索	1. 能有效利用网络资源、工作手册查找有效信息 2. 能清晰归纳并转化信息至实际工作	10	
感知工作	1. 明确自身岗位职责，认同工作价值 2. 能在任务执行中获得成就感	10	
团队协作	1. 师生保持平等、尊重的沟通 2. 主动分享信息，协作高效	20	
学习方法	1. 平衡自主学习与合作学习 2. 能提出创新性问题或见解 3. 严格按规范操作	10	
工作过程	1. 遵守操作规程和考勤纪律 2. 每日任务完成度高 3. 能发现并提出关键问题	15	
思维状态	1. 具备从发现问题到解决问题的闭环能力 2. 提出创新性解决方案	10	
自评反馈	1. 按时保质提交成果 2. 专业知识掌握扎实 3. 分析报告逻辑严谨、表述清晰	25	
总分		100	
评价项目	**内容记录**		
有益经验	1. 团队分工明确，效率提升，______________________________ 2. 创新性方法应用，______________________________		
存在问题	1. 信息检索效率待提高，______________________________ 2. 操作规范性不足，______________________________		
改进措施	1. 加强______________________________技能训练 2. 制定______________________________标准化流程		

（2）团队互评

团队应借助表 2–33，依据既定评分标准，对工作过程展开全面客观互评，推动团队交流与共同进步。

表 2-33　团队互评表

班级：________　组号：________　组员姓名：______________________________　日期：________

评价指标	评价要素	分数	分数评定
信息检索	1. 能有效利用网络资源、工作手册并筛选有效信息 2. 能清晰归纳并准确表述知识要点 3. 能将理论信息转化为实操方案	15	
感知工作	1. 成员角色分工明确，职责清晰 2. 团队整体工作积极性高，成就感显著	10	
参与状态	1. 师生沟通顺畅，相互尊重、理解，平等交流 2. 能主动分享关键信息，保持高效协作 3. 平衡团队合作与个人思考（无依赖现象）	25	
学习方法	1. 工作计划科学，操作符合标准流程 2. 体现持续发展潜力	15	
工作过程	1. 严格遵守安全规范和考勤纪律 2. 该组成员是否能完成植保任务，并善于多角度思考问题，能主动发现问题并提出有价值的建议和想法	20	
思维状态	从问题发现到解决形成完整闭环	5	
自评反馈	自评过程严谨，测试独立完成	10	
总分		100	
评价项目	评价内容		
突出优点	1. 信息转化能力突出，______________________________ 2. 创新方案有效，______________________________		
待改进点	1. 协作效率可提升，______________________________ 2. 操作规范性需加强，______________________________		
建议措施	1. 建议采用______________________________工具优化协作 2. 需增加______________________________专项训练		

（3）教师评分

教师将借助表 2-34，严格依据评分标准，对各小组任务工作过程进行全面深入总评，为小组后续改进给予精准指导。

表 2-34　教师评分表

班级：________　组号：________　组员姓名：______________________________　日期：________

出勤与基础素养				
评价项目	评分标准	分值	扣分说明	得分
出勤情况	全勤（缺勤 1 次扣 2 分，迟到 / 早退 1 次扣 1 分）	5		

续表

学习过程评价				
评价指标	**评价要素**	**分值**	**扣分标准**	**得分**
信息	1. 仪态自然，表达流畅 2. 逻辑清晰，分工明确	10	表达不清扣 1 分 / 项，分工模糊扣 2 分 / 项	
计划	1. 收集资料，制定任务规划单 2. 计划制订及清单清晰合理 3. 设备检查单完整 4. 设备点检单完整	10	资料缺失扣 2 分 / 项，规划不合理扣 3 分	
决策	制定最佳作业方案	9	参数错误扣 1 分 / 处	
实施	1. 参数记录完整（高度、速度、每公顷喷量） 2. 用药方案合规 3. 飞行日志详实	15		
	1. 无人机起降规范 2. 参数设置准确 3. 避障操作合规	20		
	1. 按二次稀释法规范操作 2. 安全防护到位	10		
	1. 药箱 / 喷头清洗彻底 2. 电池存放合规	10		
控制	明确作业方法的注意事项	5		
评价	互评分数折算（按 20% 比例）	3		
	自评分数折算（按 20% 比例）	3		
总分		100		
改进措施	1. 需加强____________操作训练 2. 建议优化____________流程			

教师签名：____________

7. 复盘

根据小组作业成果，小组讨论，分析待改进方面及预防措施。

____

____

____

学习模块三
无人机播种与施肥

学 习 目 标

知识目标

1. 掌握无人机系统组成结构（飞控系统、导航模块、播撒系统等）；

2. 了解作物生长周期与农事作业窗口期特征，掌握不同作物的播种量、施肥量标准；

3. 熟悉主流农用无人机型号性能参数与适用场景。

能力目标

1. 能独立完成无人机系统组装与飞行前检查；

2. 熟练操作地面站系统进行航线规划与作业参数设置；

3. 掌握应急情况下的飞行姿态调整与返航操作。

素质目标

1. 树立农业安全生产观念；

2. 培养建立设备档案管理制度与记录作业日志的习惯；

3. 具备沟通制定作业方案的专业对话能力，掌握多机协同作业时的空域协调技巧，能组织农户开展作业前田间准备（障碍物清理）工作。

基 础 知 识

1. 播撒系统

无人机的播撒系统由作业箱、播撒机两部分构成，播撒机是用于植保无人机的功能配件，可实现种子播撒、肥料播撒等，通过甩盘结构将物料均匀地播撒到目标区域中，大大拓宽了无人机的应用范围。

无人机播种与施肥作业是一种利用无人机技术进行农业播种和施肥的方法。通过搭载植物种子、肥料和相应的撒播装置，无人机可以在农田上空准确地进行撒播操作，将物料均匀地撒播到预定的地点。

2. 无人机播撒优势

1）高效快捷

无人机能高速完成大面积播种作业，效率远超传统人工方式，大幅缩短播种周期。

2）精准播散

依托高精度导航系统，无人机可精准控制播撒位置与密度，实现均匀撒播，减少浪费。

3）地形适应性强

无论是平原、山地还是草原，无人机均可灵活作业，适应多种作物类型和复杂农田环境。

4）成本效益显著

通过自动化作业减少人力依赖，大大降低劳动成本，同时提升资源利用率。

3. 无人机播撒作业标准化流程

1）地块勘测与规划

（1）地形与土壤分析

利用遥感或实地勘测技术，采集地块地形、土壤墒情及肥力数据，结合目标作物的种植需求，制定精准播种方案。

（2）环境评估

确保作业区域符合无人机飞行及农业环保要求，规避障碍物及敏感区域。

2）种子优选与处理

（1）种子筛选

根据土壤条件及气候特点，选择发芽率高、抗逆性强的优质种子。

（2）种子处理

采用包衣、浸种或生物刺激剂等技术，增强种子抗病虫害能力，促进萌发和幼苗健壮生长。

3）无人机系统调试

（1）设备安装与校准

将播种装置适配无人机负载，调试排种器、传感器及导航系统，确保播种量、间距与飞行参数匹配。

（2）试飞验证

在模拟环境中测试飞行稳定性与播种均匀性，优化系统参数。

4）智能航线规划

（1）参数设定

基于地块数据，设定飞行高度（通常 2~5 m）、速度（建议 3~6 m/s）、行距及播种密度，确保全覆盖无重复。

（2）自动化作业

通过 AI 规划最优航线，支持断点续播、避障及实时调整功能，提升作业效率。

5）精准播种执行

（1）全自动作业

无人机按预设航线自主飞行，通过离心抛撒或气压喷射等方式，实现厘米级精度的均匀播种。

（2）实时监控

通过云端平台或地面站跟踪作业进度，及时调整异常情况（如种子堵塞、电量预警等）。

6）效果检测与优化

（1）多维度评估

结合无人机影像、土壤传感器或抽样检测，分析播种均匀性、出苗率及田间分布情况。

（2）数据反馈

生成作业报告，对比预设目标优化后续农事管理（如补播、水肥调控等）流程。

4. 作业区域障碍物勘察

1）障碍物识别与测绘

在田块规划阶段，需对作业区域进行全面勘察，重点识别以下障碍物。

（1）固定障碍物

如电线杆、灌溉设施、围栏、树木、房屋等，需记录其高度、位置及分布范围。

（2）动态障碍物

如临时堆放物、移动车辆、人员或牲畜，需在作业前进行清场或设定安全警戒区。

（3）起伏地形

针对坡地、沟渠等不规则地形，需标注坡度及落差，避免无人机因地形突变导致撞机或播种不均。

2）精准测量与标记

（1）无人机航测辅助

通过搭载激光雷达或多光谱相机，生成高精度三维地图，自动标注障碍物坐标及高度数据。

（2）人工复核

对关键障碍物进行实地测量，补充细节（如电线高度、树枝延展范围等），确保数据准确性。

（3）电子围栏设定

在飞行规划软件中标记禁飞区或缓冲带，确保无人机自动保持安全距离（≥ 3 m）。

3）智能避障

（1）多传感器融合

利用 RTK 定位、毫米波雷达及视觉识别技术，实时探测障碍物并触发绕行或悬停动作。

（2）航线动态优化

针对复杂环境，采用“分段飞行”或“仿地飞行”模式，调整飞行高度与路径，避免碰撞风险。

4）应急预案

（1）低电量或信号丢失

设定自动返航高度（高于最高障碍物 5 m 以上），避免返航途中撞击。

（2）人工干预机制

配备观察员随时监控无人机状态，紧急情况下可手动接管继续操作。

学习情境一 种子播撒技术

学 习 目 标

知识目标

1. 了解不同作物的播种期，适宜的种子播撒时间和方法；
2. 了解作物生长发育的基本原理和影响因素，以便根据实际情况调整作业策略；
3. 熟悉种子播撒设备的结构、操作原理和维护方法，能够正确使用和保养设备。

能力目标

1. 具备良好的操作技巧，能够熟练使用种子播撒设备，并做到播撒均匀、覆盖全面；
2. 具备灵活的应变能力，能够根据天气、土壤和作物需求等因素，调整种子播撒的时间和方式；
3. 具备安全意识，遵守相关的操作规范和安全措施，保护自身和环境安全。

素质目标

1. 培养责任心和农业生产意识，将种子播撒作业视为自己的重要任务，做到认真负责、尽职尽责；
2. 培养团队合作精神，能够与其他农户或农技人员进行有效沟通和协作，共同完成种子播撒作业；
3. 培养环保意识，遵守环境保护法规。

知 识 背 景

1. 飞行计划制订

在进行无人机种子播撒之前，需要制订飞行计划。这包括确定播撒的区域范围、起飞点和降落点，制定航线和航线点，以及设定飞行高度和速度等参数。

2. 无人机准备

确保无人机处于良好的工作状态。检查和维护无人机的机身、电池、螺旋桨等部件，确保其正常运行并具备足够的电量。

3. 种子准备和装载

选择适合目标作物并具备良好萌发率的种子。对种子进行处理，如涂覆保护剂、浸泡等，然后将种子装载到无人机的种子仓中。

4. 飞行执行

根据制订的飞行计划，将无人机起飞，并控制无人机按照预定的航线进行飞行。在合适的高度和速度下，根据预定的区域点位信息，触发种子散布机构，将种子均匀播撒到目标地点。

5. 监测和评估

在完成播撒作业后，可以利用遥感技术或其他传感器对播撒效果进行监测和评估。这有助于了解播撒的均匀性和覆盖范围，为后续的农田管理工作提供参考。

6. 数据处理和记录

将回收的数据进行处理和整理，生成播撒作业的相关报告和记录。这可以帮助农户或农业专家了解播撒效果，并在未来的作业中进行优化调整。

学习任务

1. 信息（创设情境，提供资讯）

（1）工作情境描述

近日，A植保团队接到一项大田作物种子播撒作业，此次作业面积广、要求高，涉及多种大田作物品种，团队已迅速调配专业人员与先进设备，全力保障作业高效、精准开展。

应广大农户对优质种植服务的迫切需求，A植保团队将严格遵循农业技术标准，确保每一粒种子都能得到科学、均匀的播撒，助力丰收季的到来。

（2）填写任务书

在完成本学习情境的学习后，请查阅相关资料或查询更多相关信息，以执行本次飞防任务。飞防任务委托书详见表3–1。

表3–1 飞防任务委托书

委托方	
联系方式	
受托方	
项目负责人	
作业内容	

作业要求	
现场勘察与条件确认	
条件确认后作业要求	
双方责任	

委托方签字：______________　　受托方签字：______________

日期：　　日期：

注：本任务单一式两份，作业方与客户各执一份，作为作业凭证。

（3）任务分组

请依据表 3–2 任务分组表，明确小组内部各成员在对应情境中的角色。

表 3–2　任务分组表

班级			组号	
指导教师			组长	
组长职责	负责整体协调把控进度			
任务分工	人员数量	人员姓名	主要职责	
飞手（操作岗）				
地勤保障（辅助岗）				
数据记录（技术岗）				
安全监督（管理岗）				

工作流程			
晨会			
检查			
作业			
总结			
组长签字		日期	
指导教师签字		日期	

（4）问题引导

问题 1：植保无人机日常保养的具体内容与操作方法是什么？

问题 2：植保无人机播撒系统的清理步骤与注意事项有哪些？

问题 3：如何对植保无人机的整机系统进行全面清理？

问题 4：植保无人机检查的周期、项目及检查标准分别是什么？

问题 5：植保无人机在存储与运输过程中要遵守哪些规范？

2. 工作计划（分析任务，制订计划）

按照收集的资料，制订飞防计划，计划包括填写任务规划单及植保作业设备检查单。

（1）任务规划单

对于这次飞防任务需要提前规划，详细任务规划见表 3-3。

表 3-3 任务规划单

项目	内容
作业目标	作物类型：________ 面积：________公顷 播种要求：________
时间安排	日期：________ 时段：________（避开高温 / 大风天气）
设备准备	无人机型号：________ 数量：________ 备用电池 / 燃油：________
种子	名称：________ 用量：________ 稀释比例：________ 播种量：________公顷
人员分工	操作员：________ 观察员：________ 地勤：________
安全措施	防护装备：口罩、手套、护目镜；应急处理方案：________
环境评估	风速≤ 5 m/s，无降水；周边无敏感区域（水源、养殖场等）

（2）植保作业设备检查

请严格依照上述方案，准备好相应的种子与设备。补充填写表 3-4 中检查标准及方法，依据植保作业设备检查单的具体内容，对设备状态展开全面、细致的检查，确保设备处于最佳工作状态。

表 3-4 植保作业设备检查单

班级：________ 组号：________ 组员姓名：________________________ 日期：________

系统	检查项目	检查标准及方法	结果	责任人
播撒器	播撒桶	清洁，无水渍，播撒口无堵塞情况	□	
★动力系统	桨叶	每对桨叶平行展开，叶面光亮平滑	□	
	电机	无卡转堵转现象	□	
	电池	循环次数未超标，电芯电压平衡	□	
机身		机臂卡扣扣紧	□	
		机架螺丝是否松动	□	
		避障雷达无遮挡	□	
★遥控器		摇杆模式天线是否展开	□	

注：所有项目需现场检查并打钩（√），异常项用“△”标注并填写设备异常记录，带“★”项目为关键安全项，不合格禁止起飞。

检查人：________ 复核人：________ 异常处理：______________

请正确检查设备是否正常，如发现问题填写设备异常记录。

基础信息：____

异常详情：____

初步诊断：______________________________

处理流程：______________________________

3. 决策（集思广益，作出决定）

决策 1：各组派代表阐述作业方案。

____

____

____

决策 2：各组对其他组的作业方案从不同角度提出看法。

____

____

____

决策 3：教师结合学生完成的情况进行点评，选出最佳方案。

____

____

____

4. 实施（分工合作，沟通交流）

（1）植保作业的准备工作

第一项，遥控器检查：

a. 确保遥控器电量≥ 80%，低电量可能导致信号中断；

b. 天线无弯曲或破损，确保信号传输稳定；

c. 屏幕无裂痕、显示无异常（如花屏、闪烁）；

d. 推动摇杆后能自动回中，无卡滞现象。

第二项，植保机检查：

a. 桨叶无裂纹、变形，螺丝紧固无松动；

b. 电池卡扣牢固，插头无氧化或松动；

c. 状态指示灯开机后自检无报错。

第三项，指南针校准：

a. 选择开阔场地（半径 10 m 内无金属物体），远离高压线、铁栅栏等干扰源；

b. 通过 App 触发校准，水平旋转 360° 后再垂直旋转 360° 至提示成功。

第四项，试飞测试：

a. 低空悬停测试动力系统稳定性；

b. 试播，检查覆盖均匀性及播量精度。

（2）作业设备点检

为保障植保作业高效、有序进行，防止因设备遗漏导致作业中断，特制作植保作业点检单，见表 3–5。这份点检单宛如作业前的“贴心助手”，能够辅助工作人员全面梳理并确认所需携带的各类设备。

表 3-5　植保作业点检单

班级：________　组号：________　组员姓名：______________________________　日期：________

序号	项目	名称	单位	数量	是否携带	备注
1	植保机相关				□是□否	
					□是□否	
					□是□否	
					□是□否	
2	遥控器相关				□是□否	
					□是□否	
					□是□否	
3	播撒工具				□是□否	
					□是□否	
4	安全防护及配件				□是□否	
					□是□否	
					□是□否	
					□是□否	
					□是□否	

记录人员：________　　　　　　　　复核人员：________

（3）完成植保无人机飞防报告

植保无人机飞防报告包含作业时间、地点、作物等基础信息。报告中会详细阐述无人机参数、播种量等，如实记录飞行过程中的具体状况，并对作业效率等成果进行综合评定，最终由相关人员签字确认，具体内容详见表 3-6。

表 3-6　植保无人机飞防报告

项目	内容
作业日期	
作业地点	
作业田作物	
完成面积	

续表

项目	内容
飞行参数	
播种量	
问题记录	

记录人员：________　　　　　　　　　复核人员：________

（4）植保无人机清理

植保无人机清理的详细内容，可查看表 3–7。此表完整呈现了植保无人机清理的各项要点、操作流程以及相关注意事项，为规范、高效地开展无人机清理工作提供了清晰且实用的指引。

表 3–7　植保无人机每日清理表

系统设备	清理项目	日常维护内容	备注	完成情况
播撒系统	撒播机	清洗确保无堵塞情况		□
动力系统	桨叶	清理叶面杂物，保持平滑、光亮；检查桨叶有无裂痕，螺丝是否松动		□
	电机	清理灰尘，检查电机是否存在卡转堵转现象		□
	电池	清理电源接口处，确保无杂物		□
机身		清理机身灰尘，残留种子等，确保机身干净整洁		□
遥控器		清理灰尘，检查摇杆器按键是否损坏		□

记录人员：________　　　　　　　　　复核人员：________

5. 控制（查漏补缺，质量检测）

（1）作业注意事项

____

____

____

（2）项目评分

表 3–8 详细罗列评分细则，通过打分形式全面评估对应项目情况。

表 3–8　项目评分表

班级：________　组号：________　组员姓名：____________________________　日期：________

序号	考评项目	考评要点	考评方法	应得分	实得分	问题说明
1	学习工作页	1. 书写工整，无错别字 2. 按时完成，按时提交	每处错误扣 2 分	12		
2	职业素养	1. 穿戴规范、整洁 2. 团队协作 3. 独立完成作业 4. 考勤纪律 不迟到 / 早退 / 旷课	违规一次扣 5 分	20		
3	作业前准备	1. 遥控器检查 2. 摇杆模式确认 3. 无人机结构检查（桨叶、机臂） 4. 指南针校准 5. 播撒仓口大小调节	每项遗漏扣 5 分	25		
4	作业模式	1. 航线规划合理 2. 速度合适 3. 高度合适 4. 精准起停 5. 障碍物避让	每项错误扣 5 分	25		
5	航线规划参数	1. 每公顷用量 2. 喷幅匹配	参数错误扣 6 分	6		
6	完成质量	1. 播撒均匀 2. 防治效果	每项不达标扣 6 分	12		
总分				100		

考评人签名：__________　　　　日期：__________

6. 评价（总结过程，任务评估）

（1）学生自评表

借助表 3–9，团队完成复盘分析，进而拟定出相应的改进举措。

表 3-9　学生自评表

班级：________　组号：________　组员姓名：____________________________　日期：________

评价指标	评价要素	分数	分数评定
信息检索	1. 能有效利用网络资源、工作手册查找有效信息 2. 能清晰归纳并转化信息至实际工作	10	
感知工作	1. 明确自身岗位职责，认同工作价值 2. 能在任务执行中获得成就感	10	
团队协作	1. 师生保持平等、尊重的沟通 2. 主动分享信息，协作高效	20	
学习方法	1. 平衡自主学习与合作学习 2. 能提出创新性问题或见解 3. 严格按规范操作	10	
工作过程	1. 遵守操作规程和考勤纪律 2. 每日任务完成度高 3. 能发现并提出关键问题	15	
思维状态	1. 具备从发现问题到解决问题的闭环能力 2. 提出创新性解决方案	10	
自评反馈	1. 按时保质提交成果 2. 专业知识掌握扎实 3. 分析报告逻辑严谨、表述清晰	25	
总分		100	
评价项目	内容记录		
有益经验	1. 团队分工明确，效率提升，____________________________ 2. 创新性方法应用，____________________________		
存在问题	1. 信息检索效率待提高，____________________________ 2. 操作规范性不足，____________________________		
改进措施	1. 加强____________________________技能训练 2. 制定____________________________标准化流程		

（2）团队互评

团队应借助表 3-10，依据既定评分标准，对工作过程展开全面客观互评，推动团队交流与共同进步。

表 3-10　团队互评表

班级：________　组号：________　组员姓名：____________________________　日期：________

评价指标	评价要素	分数	分数评定
信息检索	1. 能有效利用网络资源、工作手册并筛选有效信息 2. 能清晰归纳并准确表述知识要点 3. 能将理论信息转化为实操方案	15	
感知工作	1. 成员角色分工明确，职责清晰 2. 团队整体工作积极性高，成就感显著	10	
参与状态	1. 师生沟通顺畅，相互尊重、理解，平等交流 2. 能主动分享关键信息，保持高效协作 3. 平衡团队合作与个人思考（无依赖现象）	25	
学习方法	1. 工作计划科学，操作符合标准流程 2. 体现持续发展潜力	15	
工作过程	1. 严格遵守安全规范和考勤纪律 2. 该组成员是否能完成植保任务，并善于多角度思考问题，能主动发现问题并提出有价值的建议和想法	20	
思维状态	从问题发现到解决形成完整闭环	5	
自评反馈	自评过程严谨，测试独立完成	10	
总分		100	
评价项目	评价内容		
突出优点	1. 信息转化能力突出，____________________________ 2. 创新方案有效，____________________________		
待改进点	1. 协作效率可提升，____________________________ 2. 操作规范性需加强，____________________________		
建议措施	1. 建议采用____________________________工具优化协作 2. 需增加____________________________专项训练		

（3）教师评分

教师将借助表 3-11，严格依据评分标准，对各小组任务工作过程进行全面深入总评，为小组后续改进给予精准指导。

表 3-11　教师评分表

班级：________　组号：________　组员姓名：____________________________　日期：________

出勤与基础素养				
评价项目	评分标准	分值	扣分说明	得分
出勤情况	全勤（缺勤 1 次扣 2 分，迟到 / 早退 1 次扣 1 分）	5		

学习过程评价				
评价指标	**评价要素**	**分值**	**扣分标准**	**得分**
信息	1. 仪态自然，表达流畅 2. 逻辑清晰，分工明确	10	表达不清扣 1 分 / 项，分工模糊扣 2 分 / 项	
计划	1. 收集资料，制定任务规划单 2. 计划制订及清单清晰合理 3. 设备检查单完整 4. 设备点检单完整	10	资料缺失扣 2 分 / 项，规划不合理扣 3 分	
决策	制定最佳作业方案	9	参数错误扣 1 分 / 处	
实施	1. 参数记录完整（高度、速度、每公顷播撒量） 2. 播撒方案合规 3. 飞行日志详实	15		
	1. 无人机起降规范 2. 参数设置准确 3. 避障操作合规	20		
	安全防护到位	10		
	1. 喷头清洗彻底 2. 电池存放合规	10		
控制	明确作业方法的注意事项	5		
评价	互评分数折算（按 20% 比例）	3		
	自评分数折算（按 20% 比例）	3		
总分		100		
改进措施	1. 需加强__________操作训练 2. 建议优化__________流程			

教师签名：____________

7. 复盘

根据小组作业成果，小组讨论，分析待改进方面及预防措施。

____

____

____

学习情境二 肥料播撒技术

学 习 目 标

知识目标

1. 了解不同作物的生长发育阶段和相应的营养需求；
2. 掌握不同类型肥料的成分、配比、施用量和施用时间；
3. 了解土壤养分的特点和变化规律，掌握土壤肥力调查与分析方法；
4. 熟悉肥料施用的不同方式和工具，了解施肥的原则和技术要点。

能力目标

1. 能够根据作物的生长发育阶段和土壤养分状况，制定合理的施肥方案；
2. 具备准确的肥料计量和混合技巧，能够按照配方将肥料混合均匀；
3. 具备无人机肥料施用的技能，能够选择适当的施肥方式和工具进行施肥；
4. 具备肥料施用的准确性和效率，能够控制施肥量，避免浪费和过量施肥。

素质目标

1. 培养责任心和专业素养，将肥料播撒作业视为农业生产中的重要环节；
2. 培养细致认真的工作态度，确保肥料施用均匀、覆盖全面；
3. 培养团队合作精神，能够与其他农户或农技人员进行有效协作，合理安排作业时间和计算肥料用量；
4. 培养环保意识，遵守环境保护法规，按照规定的施肥标准和要求进行操作，减少对环境的负面影响。

知 识 背 景

1. 肥料的分类

（1）有机肥

有机肥包括堆肥、畜禽粪便、绿肥等，它的肥力强、肥效长，一般通过发酵腐熟后作为基肥使用的较多。有机肥主要能够改善土壤理化性质，增加土壤透气性以及微生物含量，是一种绿色的、无污染、安全的肥料。

（2）复合肥

复合肥是一种包含氮磷钾以及其他营养元素的化学肥料，具有肥力强、肥效快的特点，一般是通过化学反应合成的。复合肥使用起来较为方便，但是长时间的施用极易造成土壤板结。

（3）水溶肥

水溶肥是一种速效肥料，一般兑水施用，肥效快且短，一般是在植物生长旺季，对土壤肥力的一个补充。水溶肥极易随水流失，所以对于生态环境存在一定的危害。

2. 化学肥料的分类

（1）氮肥

氮肥可分为铵态氮肥、硝态氮肥和酰胺态氮肥三大类，包括氨水、氯化铵（铵态氮肥）、硝酸钙（硝态氮肥）和尿素等。氮肥的损失主要是氨的挥发、硝态氮的淋失和硝态氮的反硝化作用这三个途径，所以我们要尽量减少氮肥损失，提高氮肥利用率，充分发挥肥效。

（2）磷肥

磷肥一般包括水溶性磷肥、弱酸溶性磷肥和难溶性磷肥三大类。磷在土壤中易被固定，利用率较小，当季作物一般只能利用不到30%。为了提高磷肥利用率，要增加磷肥与根系的接触面积，促进根系对磷肥的吸收，减少磷的固定，充分发挥磷肥最大肥效。

（3）钾肥

农业生产中常用的钾肥有硫酸钾、氯化钾和草木灰等，土壤和作物种类、天气条件等都决定着钾肥的施用效果，因此为了提高磷肥的利用效率，就必须了解影响钾肥肥效的有关因素。

（4）微量元素肥料

微量元素肥料是指含有硼、锰等微量元素的化学肥料。近年来，农业生产中微量元素的缺乏日趋严重，施用微量元素肥料，对农业的增产增收有明显的效果。

3. 肥料施用的注意事项

在肥料的施用中，常常因为操作不当而造成肥料没有充分发挥它的价值，降低了肥料的利用率，下面总结了五条关于肥料施用过程中应该注意的事项。

（1）氮肥深施防挥发

速效氮肥（如尿素、铵态氮肥）易在高温下挥发损失，建议采用沟施、穴施等深施方式（10~15 cm），尤其避免在晴天中午浅施，以减少氨气挥发，提高肥效。

（2）平衡施肥避免缺素

作物需多种营养元素（氮、磷、钾及钙、镁、锌等中微量元素）。长期单一施肥会导致土壤养分失衡，引发缺素症（如黄叶、畸形果）、土壤板结（如过量氯化钾）、微生物活性下降。

（3）控制浓度防肥害

高浓度肥料（如未腐熟粪肥、过量复合肥）易造成“烧根”，表现为根系发黑、叶片萎蔫。

（4）根外追肥择时进行

根外追肥是一种通过叶面喷洒水溶性肥料的施肥技术。叶面喷施需避开高温时段

（夏季 11：00—15：00），否则液滴快速蒸发，肥料结晶灼伤叶片；吸收效率降低。

（5）降雨前后慎施肥

如果施完肥之后下一场小雨，可以促进肥料的溶解，加快农作物的吸收，但是如果有大雨，最好不要进行施肥，因为雨水会把肥料冲走，造成养分流失。

学 习 任 务

1. 信息（创设情境，提供资讯）

（1）工作情境描述

重庆市江津区水稻产业示范基地，作为当地举足轻重的优质水稻种植区域，一直以来都是保障粮食供应、推动农业发展的关键力量。水稻的分蘖盛期，对于其生长发育至关重要，直接关系到后续的产量与品质。然而，经细致的田间监测发现，部分区域已出现水稻生长营养不足的初期症状，具体表现为叶片颜色变淡、生长速度变缓等，若不及时加以干预，将严重影响水稻的健康生长，进而威胁到整体的产量。

为有效解决这一问题，保障水稻能够获取充足的养分，实现健康茁壮的生长，基地负责人唐先生委托 A 植保团队开展一项至关重要的任务——对 10 公顷水稻田实施专业化的肥料播撒作业。此次作业旨在通过精准、高效的肥料播撒，迅速改善水稻的营养状况，促进其根系发育、提高光合作用效率，从而提高水稻的抗逆性与分蘖能力，为实现高产、稳产奠定坚实基础。

（2）填写任务书

在完成本学习情境的学习后，请查阅相关资料或查询更多相关信息，以执行本次飞防任务。飞防任务委托书详见表 3-12。

表 3-12　飞防任务委托书

委托方	
联系方式	
受托方	
项目负责人	
作业内容	
作业要求	
现场勘察与条件确认	

条件确认后作业要求	
双方责任	

委托方签字：______________　　　　受托方签字：____________

日期：　　　　　　　　　　　　　　日期：

注：本任务单一式两份，作业方与客户各执一份，作为作业凭证。

（3）任务分组

请依据表 3–13 任务分组表，明确小组内部各成员在对应情境中的角色。

表 3–13　任务分组表

班级		**组号**	
指导教师		**组长**	
组长职责	负责整体协调把控进度		
任务分工	**人员数量**	**人员姓名**	**主要职责**
飞手（操作岗）			
地勤保障（辅助岗）			
数据记录（技术岗）			
安全监督（管理岗）			
工作流程			
晨会			
检查			
作业			
总结			
组长签字		**日期**	
指导教师签字		**日期**	

（4）问题引导

问题 1：相较于传统施肥方式，无人机在肥料播撒作业中具备哪些显著优势？这些优势如何在提升施肥效率、精准度以及降低成本等方面得以体现？

____

____

____

问题 2：若要针对重庆市江津区水稻产业示范基地的 10 公顷水稻田实施无人机施肥作业，应如何制定一套科学、详细且切实可行的实施方案，其中包括但不限于无人机的选型、肥料种类及用量的确定、飞行作业规划、人员安排与培训以及质量控制措施等方面？

____

____

____

2. 工作计划（分析任务制订计划）

按照收集的资料，制订飞防计划，计划包括填写任务规划单及植保作业设备检查单。

（1）任务规划单

对于这次飞防任务需要提前规划，详细任务规划见表 3-14。

表 3-14　任务规划单

项目	内容
作业目标	作物类型：________　面积：________公顷　播撒要求：________
时间安排	日期：________　时段：________　（避开高温 / 大风天气）
设备准备	无人机型号：________　数量：________　备用电池 / 燃油：________
肥料	名称：________　用量：________　稀释比例：________　播撒量：________公顷
人员分工	操作员：________　观察员：________　地勤：________
安全措施	防护装备：口罩、手套、护目镜；应急处理方案：________
环境评估	风速 ≤ 5 m/s，无降水；周边无敏感区域（水源、养殖场等）

（2）植保作业设备检查

请严格依照上述方案，准备好相应的肥料与设备。补充填写表 3-15 检查标准及方法，依据植保作业设备检查单的具体内容，对设备状态展开全面、细致的检查，确保设备处于最佳工作状态。

表 3-15　植保作业设备检查单

班级：________　组号：________　组员姓名：____________________　日期：________

系统	检查项目	检查标准及方法	结果	责任人
播撒器	播撒桶	清洁，无水渍，播撒口无堵塞情况	□	
★动力系统	桨叶	每对桨叶平行展开，叶面光亮平滑	□	
	电机	无卡转堵转现象	□	
	电池	循环次数未超标，电芯电压平衡	□	
机身		机臂卡扣扣紧	□	
		机架螺丝是否松动	□	
		避障雷达无遮挡	□	
★遥控器		摇杆模式天线是否展开	□	

注：所有项目需现场检查并打钩（√），异常项用“△”标注并填写设备异常记录，带★项目为关键安全项，不合格禁止起飞。

检查人：________　复核人：________　异常处理：____________

请正确检查设备是否正常，如发现问题填写设备异常记录。

基础信息：________________________________

异常详情：________________________________

初步诊断：________________________________

处理流程：________________________________

3. 决策（集思广益，作出决定）

决策 1：各组派代表阐述作业方案。

____

____

____

决策 2：各组对其他组的作业方案从不同角度提出看法。

____

____

____

决策 3：教师结合学生完成情况进行点评，选出最佳方案。

____

____

____

4. 实施（分工合作，沟通交流）

（1）植保作业的准备工作

第一项，遥控器检查：

a. 确保遥控器电量≥ 80%，低电量可能导致信号中断；

b. 天线无弯曲或破损，确保信号传输稳定；
c. 屏幕无裂痕、显示无异常（如花屏、闪烁）；
d. 推动摇杆后能自动回中，无卡滞现象。

第二项，植保机检查：

a. 桨叶无裂纹、变形，螺丝紧固无松动；
b. 电池卡扣牢固，插头无氧化或松动；
c. 状态指示灯开机后自检无报错。

第三项，指南针校准：

a. 选择开阔场地（半径 10 m 内无金属物体），远离高压线、铁栅栏等干扰源；
b. 通过 App 触发校准，水平旋转 360° 后再垂直旋转 360° 至提示成功。

第四项，试飞测试：

a. 低空悬停测试动力系统稳定性；
b. 试播，检查覆盖均匀性及播量精度。

（2）作业设备点检

为保障植保作业高效、有序进行，防止因设备遗漏导致作业中断，特制作植保作业点检单，见表 3–16。这份点检单宛如作业前的"贴心助手"，能够辅助工作人员全面梳理并确认所需携带的各类设备。

表 3–16　植保作业点检单

班级：________　组号：________　组员姓名：________________________　日期：________

序号	项目	名称	单位	数量	是否携带	备注
1	植保机相关				□是□否	
					□是□否	
					□是□否	
					□是□否	
2	遥控器相关				□是□否	
					□是□否	
					□是□否	
3	播撒工具				□是□否	
					□是□否	
4	安全防护及配件				□是□否	
					□是□否	
					□是□否	
					□是□否	
					□是□否	

记录人员：________　复核人员：________

（3）完成植保无人机飞防报告

植保无人机飞防报告包含作业时间、地点、作物等基础信息。报告中会详细阐述无人机参数及作业方案，如实记录飞行过程中的具体状况，并对作业效率等成果进行综合评定，最终由相关人员签字确认，具体内容详见表 3-17。

表 3-17　植保无人机飞防报告

项目	内容
作业日期	
作业地点	
作业田作物	
完成面积	
飞行参数	
播种量	
问题记录	

记录人员：________　　　　复核人员：__________

（4）植保无人机清理

植保无人机清理的详细内容，可查看表 3-18。此表完整呈现了植保无人机清理的各项要点、操作流程以及相关注意事项，为规范、高效地开展无人机清理工作提供了清晰且实用的指引。

表 3-18　植保无人机每日清理表

系统设备	清理项目	日常维护内容	备注	完成情况
播撒系统	撒播机	清洗确保无堵塞情况		□
动力系统	桨叶	清理叶面杂物，保持平滑、光亮；检查桨叶有无裂痕，螺丝是否松动		□
	电机	清理灰尘，检查电机是否存在堵转现象		□
	电池	清理电源接口处，确保无杂物		□

续表

系统设备	清理项目	日常维护内容	备注	完成情况
机身		清理机身灰尘，残留种子等，确保机身干净整洁		□
遥控器		清理灰尘，检查摇杆器按键是否损坏		□

记录人员：________ 复核人员：________

5. 控制（查漏补缺，质量检测）

（1）作业注意事项

____

____

____

（2）项目评分

表 3–19 详细罗列评分细则，通过打分形式全面评估对应项目情况。

表 3–19 项目评分表

班级：________ 组号：________ 组员姓名：________________ 日期：________

序号	考评项目	考评要点	考评方法	应得分	实得分	问题说明
1	学习工作页	1. 书写工整，无错别字 2. 按时完成，按时提交	每处错误扣 2 分	12		
2	职业素养	1. 穿戴规范、整洁 2. 团队协作 3. 独立完成作业 4. 考勤纪律 不迟到 / 早退 / 旷课	违规一次扣 5 分	20		
3	作业前准备	1. 遥控器检查 2. 摇杆模式确认 3. 无人机结构检查（桨叶、机臂） 4. 指南针校准 5. 播撒仓口大小调节	每项遗漏扣 5 分	25		
4	作业模式	1. 航线规划合理 2. 速度合适 3. 高度合适 4. 精准起停 5. 障碍物避让	每项错误扣 5 分	25		

续表

序号	考评项目	考评要点	考评方法	应得分	实得分	问题说明
5	航线规划参数	1. 每公顷用量 2. 喷幅匹配	参数错误扣 6 分	6		
6	完成质量	1. 播撒均匀 2. 防治效果	每项不达标扣 6 分	12		
总分				100		

考评人签名：__________ 日期：__________

6. 评价（总结过程，任务评估）

（1）学生自评

借助表 3-20，团队完成复盘分析，进而拟定出相应的改进举措。

表 3-20 学生自评表

班级：________ 组号：________ 组员姓名：______________________ 日期：________

评价指标	评价要素	分数	分数评定
信息检索	1. 能有效利用网络资源、工作手册查找有效信息 2. 能清晰归纳并转化信息至实际工作	10	
感知工作	1. 明确自身岗位职责，认同工作价值 2. 能在任务执行中获得成就感	10	
团队协作	1. 师生保持平等、尊重的沟通 2. 主动分享信息，协作高效	20	
学习方法	1. 平衡自主学习与合作学习 2. 能提出创新性问题或见解 3. 严格按规范操作	10	
工作过程	1. 遵守操作规程和考勤纪律 2. 每日任务完成度高 3. 能发现并提出关键问题	15	
思维状态	1. 具备从发现问题到解决问题的闭环能力 2. 提出创新性解决方案	10	
自评反馈	1. 按时保质提交成果 2. 专业知识掌握扎实 3. 分析报告逻辑严谨、表述清晰	25	
总分		100	

续表

评价项目	内容记录
有益经验	1. 团队分工明确，效率提升，____________________ 2. 创新性方法应用，____________________
存在问题	1. 信息检索效率待提高，____________________ 2. 操作规范性不足，____________________
改进措施	1. 加强____________________技能训练 2. 制定____________________标准化流程

（2）团队互评

团队应借助表 3–21，依据既定评分标准，对工作过程展开全面客观互评，推动团队交流与共同进步。

表 3–21　团队互评表

班级：________　组号：________　组员姓名：____________________　日期：________

评价指标	评价要素	分数	分数评定
信息检索	1. 能有效利用网络资源、工作手册并筛选有效信息 2. 能清晰归纳并准确表述知识要点 3. 能将理论信息转化为实操方案	15	
感知工作	1. 成员角色分工明确，职责清晰 2. 团队整体工作积极性高，成就感显著	10	
参与状态	1. 师生沟通顺畅，相互尊重、理解，平等交流 2. 能主动分享关键信息，保持高效协作 3. 平衡团队合作与个人思考（无依赖现象）	25	
学习方法	1. 工作计划科学，操作符合标准流程 2. 体现持续发展潜力	15	
工作过程	1. 严格遵守安全规范和考勤纪律 2. 该组成员是否能完成植保任务，并善于多角度思考问题，能主动发现问题并提出有价值的建议和想法	20	
思维状态	从问题发现到解决形成完整闭环	5	
自评反馈	自评过程严谨，测试独立完成	10	
总分		100	

评价项目	评价内容
突出优点	1. 信息转化能力突出，________________ 2. 创新方案有效，________________
待改进点	1. 协作效率可提升，________________ 2. 操作规范性需加强，________________
建议措施	1. 建议采用________________工具优化协作 2. 需增加________________专项训练

（3）教师评分

教师将借助表 3-22，严格依据评分标准，对各小组任务工作过程进行全面深入总评，为小组后续改进给予精准指导。

表 3-22　教师评分表

班级：________　组号：________　组员姓名：________________　日期：________

出勤与基础素养				
评价项目	评分标准	分值	扣分说明	得分
出勤情况	全勤（缺勤 1 次扣 2 分，迟到 / 早退 1 次扣 1 分）	5		
学习过程评价				
评价指标	评价要素	分值	扣分标准	得分
信息	1. 仪态自然，表达流畅 2. 逻辑清晰，分工明确	10	表达不清扣 1 分 / 项，分工模糊扣 2 分 / 项	
计划	1. 收集资料，制定任务规划单 2. 计划制订及清单清晰合理 3. 设备检查单完整 4. 设备点检单完整	10	资料缺失扣 2 分 / 项，规划不合理扣 3 分	
决策	制定最佳作业方案	9	参数错误扣 1 分 / 处	
实施	1. 参数记录完整（高度、速度、每公顷播撒量） 2. 施肥方案合规 3. 飞行日志详实	15		
	1. 无人机起降规范 2. 参数设置准确 3. 避障操作合规	20		
	安全防护到位	10		
	1. 喷头清洗彻底 2. 电池存放合规	10		

续表

评价指标	评分细则	分值	扣分标准	得分
控制	明确作业方法的注意事项	5		
评价	互评分数折算（按 20% 比例）	3		
	自评分数折算（按 20% 比例）	3		
总分		100		
改进措施	1. 需加强__________操作训练 2. 建议优化__________流程			

教师签名：__________

7. 复盘

根据小组作业成果，小组讨论，分析待改进方面及预防措施。

____

____

____

参考文献

[1] 何勇．农用无人机技术[M]. 北京：科学出版社，2017.

[2] 何雄奎．植保无人机与施药技术[M]. 兰州：西北工业大学出版社，2021.

[3] 兰玉彬．精准农业航空技术发展与应用[J]. 农业工程学报，2018，34(增刊 1)：1-10.

[4] 孙毅．无人机驾驶员航空知识手册[M]. 北京：中国民航出版社，2014.